大数据应用人才培养系列教材

数据清洗

总主编　刘　鹏　张　燕
主　编　李法平
副主编　陈潇潇

清华大学出版社

北　京

内 容 简 介

数据清洗是大数据领域不可缺少的环节，用来发现并纠正数据中可能存在的错误，针对数据审查过程中发现的错误值、缺失值、异常值、可疑数据，选用适当方法进行"清理"，使"脏"数据变为"干净"数据。

本书共分为 8 章：第 1 章主要介绍数据清洗的概念、任务和流程，数据标准化概念及数据仓库技术等；第 2 章主要介绍 Windows 和类 UNIX 操作系统下的数据常规格式、数据编码及数据类型转换等；第 3 章介绍 ETL 概念、数据清洗的技术路线、ETL 工具及 ETL 子系统等；第 4 章介绍 Excel、Kettle、OpenRefine、DataWrangler 和 Hawk 的安装及使用等；第 5 章介绍 Kettle 下文本文件抽取、Web 数据抽取、数据库数据抽取及增量数据抽取等；第 6 章介绍数据清洗步骤、数据检验、数据错误处理、数据质量评估及数据加载；第 7 章介绍网页结构，利用网络爬虫技术进行数据采集，利用 JavaScript 技术进行行为日志数据采集等；第 8 章介绍 RDBMS 的数据清洗方法和数据脱敏处理技术等。

本书系统地讲解了数据清洗理论和实际应用，适用于高职高专院校和应用型本科的大数据课程教学，也适用于希望了解数据清洗的广大读者。

图书在版编目（CIP）数据

数据清洗/李法平主编. —北京：清华大学出版社，2018（2022.8重印）
（大数据应用人才培养系列教材）
ISBN 978-7-302-49327-3

I. ①数… II. ①李… III. ①数据处理-技术培训-教材 IV. ①TP274

中国版本图书馆 CIP 数据核字（2018）第 004243 号

责任编辑：贾小红
封面设计：刘　超
版式设计：刘艳庆
责任校对：赵丽杰
责任印制：刘海龙

出版发行：清华大学出版社
　　　　　网　　址：http://www.tup.com.cn，http://www.wqbook.com
　　　　　地　　址：北京清华大学学研大厦 A 座　　　　　邮　编：100084
　　　　　社 总 机：010-83470000　　　　　　　　　　　邮　购：010-62786544
　　　　　投稿与读者服务：010-62776969，c-service@tup.tsinghua.edu.cn
　　　　　质量反馈：010-62772015，zhiliang@tup.tsinghua.edu.cn
印 装 者：大厂回族自治县彩虹印刷有限公司
经　　销：全国新华书店
开　　本：185mm×260mm　　　　印　张：15.75　　字　数：280 千字
版　　次：2018 年 6 月第 1 版　　　印　次：2022 年 8 月第 9 次印刷
定　　价：58.00 元

产品编号：075032-01

编写委员会

总　序

　　短短几年间，大数据就以一日千里的发展速度，快速实现了从概念到落地，直接带动了相关产业的井喷式发展。数据采集、数据存储、数据挖掘、数据分析等大数据技术在越来越多的行业中得到应用，随之而来的就是大数据人才缺口问题的凸显。根据《人民日报》的报道，未来3～5年，中国需要180万数据人才，但目前只有约30万人，人才缺口达到150万之多。

　　大数据是一门实践性很强的学科，在其金字塔型的人才资源模型中，数据科学家居于塔尖位置，然而该领域对于经验丰富的数据科学家需求相对有限，反而是对大数据底层设计、数据清洗、数据挖掘及大数据安全等相关人才的需求急剧上升，可以说占据了大数据人才需求的80%以上。比如数据清洗、数据挖掘等相关职位，需要源源不断的大量专业人才。

　　迫切的人才需求直接催热了相应的大数据应用专业。2018年1月18日，教育部公布了"大数据技术与应用"专业备案和审批结果，已有270所高职院校申报开设"大数据技术与应用"专业，其中共有208所职业院校获批"大数据技术与应用"专业。随着大数据的深入发展，未来几年申请与获批该专业的职业院校数量仍将持续走高。同时，对于国家教育部正式设立的"数据科学与大数据技术"本科新专业，除已获批的35所大学之外，2017年申请院校也高达263所。

　　即使如此，就目前而言，在大数据人才培养和大数据课程建设方面，大部分专科院校仍然处于起步阶段，需要探索的问题还有很多。首先，大数据是个新生事物，懂大数据的老师少之又少，院校缺"人"；其次，院校尚未形成完善的大数据人才培养和课程体系，缺乏"机制"；再次，大数据实验需要为每位学生提供集群计算机，院校缺"机器"；最后，院校没有海量数据，开展大数据教学实验工作缺少"原材料"。

　　对于注重实操的大数据技术与应用专业专科建设而言，需要重点面向网络爬虫、大数据分析、大数据开发、大数据可视化、大数据运维工程师的工作岗位，帮助学生掌握大数据技术与应用专业必备知识，使其具备大数据采集、存储、清洗、分析、开发及系统维护的专业能力和技能，成为能够服务区域经济的发展型、创新型或复合型技术技能人才。无论是缺"人"、缺"机制"、缺"机器"，还是缺少"原材料"，最终都难以培养出合格的大数据人才。

其实，早在网格计算和云计算兴起时，我国科技工作者就曾遇到过类似的挑战，我有幸参与了这些问题的解决过程。为了解决网格计算问题，我在清华大学读博期间，于 2001 年创办了中国网格信息中转站网站，每天花几个小时收集和分享有价值的资料给学术界，此后我也多次筹办和主持全国性的网格计算学术会议，进行信息传递与知识分享。2002 年，我与其他专家合作的《网格计算》教材正式面世。

2008 年，当云计算开始萌芽之时，我创办了中国云计算网站（在各大搜索引擎"云计算"关键词中名列前茅），2010 年出版了《云计算（第 1 版）》，2011 年出版了《云计算（第 2 版）》，2015 年出版了《云计算（第 3 版）》，每一版都花费了大量成本制作并免费分享对应的几十个教学 PPT。目前，这些 PPT 的下载总量达到了几百万次之多。同时，《云计算》一书也成为国内高校的优秀教材，在中国知网公布的高被引图书名单中，《云计算》在自动化和计算机领域排名全国第一。

除了资料分享，在 2010 年，我们在南京组织了全国高校云计算师资培训班，培养了国内第一批云计算老师，并通过与华为、中兴、360 等知名企业合作，输出云计算技术，培养云计算研发人才。这些工作获得了大家的认可与好评，此后我接连担任了工信部云计算研究中心专家、中国云计算专家委员会云存储组组长、中国大数据应用联盟人工智能专家委员会主任等。

近几年，面对日益突出的大数据发展难题，我们也正在尝试使用此前类似的办法去应对这些挑战。为了解决大数据技术资料缺乏和交流不够通透的问题，我们于 2013 年创办了中国大数据网站，投入大量的人力进行日常维护，该网站目前已经在各大搜索引擎的"大数据"关键词排名中名列前茅；为了解决大数据师资匮乏的问题，我们面向全国院校陆续举办多期大数据师资培训班，致力于解决"缺人"的问题。

2016 年年末至今，我们已在南京多次举办全国高校/高职/中职大数据免费培训班，基于《大数据》《大数据实验手册》以及云创大数据提供的大数据实验平台，帮助到场老师们跑通了 Hadoop、Spark 等多个大数据实验，使他们跨过了"从理论到实践，从知道到用过"的门槛。

　　其中，为了解决大数据实验难问题而开发的大数据实验平台，正在为越来越多的高校教学科研带去方便，帮助解决缺"机器"与缺"原材料"的问题。2016 年，我带领云创大数据的科研人员，应用 Docker 容器技术，成功开发了 BDRack 大数据实验一体机，它打破了虚拟化技术的性能瓶颈，可以为每一位参加实验的人员虚拟出 Hadoop 集群、Spark 集群、Storm 集群等，自带实验所需数据，并准备了详细的实验手册（包含 42 个大数据实验）、PPT 和实验过程视频，可以开展大数据管理、大数据挖掘等各类实验，并可进行精确营销、信用分析等多种实战演练。

　　目前，大数据实验平台已经在郑州大学、成都理工大学、金陵科技学院、天津农学院、西京学院、郑州升达经贸管理学院、信阳师范学院、镇江高等职业技术学校等多所院校部署应用，并广受校方好评。该平台也可以云服务的方式在线提供，实验更是增至 85 个，师生通过自学，可用一个月时间成为大数据实验动手的高手。此外，面对席卷而来的人工智能浪潮，我们团队推出的 AIRack 人工智能实验平台、DeepRack 深度学习一体机以及 dServer 人工智能服务器等系列应用，一举解决了人工智能实验环境搭建困难、缺乏实验指导与实验数据等问题，目前已经在清华大学、南京大学、南京农业大学、西安科技大学等高校投入使用。

　　在大数据教学中，本科院校的实践教学应更加系统性，偏向新技术的应用，且对工程实践能力要求更高。而高职、高专院校则更偏向于技术性和技能训练，理论以够用为主，学生将主要从事数据清洗和运维方面的工作。基于此，我们联合多家高职院校专家准备了《云计算导论》《大数据导论》《数据挖掘基础》《R 语言》《数据清洗》《大数据系统运维》《大数据实践》系列教材，帮助解决"机制"欠缺的问题。

　　此外，我们也将继续在中国大数据和中国云计算等网站免费提供配套 PPT 和其他资料。同时，持续开放大数据实验平台、免费的物联网大数据托管平台万物云和环境大数据免费分享平台环境云，使资源与数据随手可得，让大数据学习变得更加轻松。

　　在此，特别感谢我的硕士导师谢希仁教授和博士导师李三立院士。谢希仁教授所著的《计算机网络》已经更新到第 7 版，与时俱进，日臻完美，时时提醒学生要以这样的标准来写书。李三立院士是留苏博士，为我国计算机事业做出了杰出贡献，曾任国家攀登计划项目首席科学家。他的严谨治学带出了一大批杰出的学生。

本丛书是集体智慧的结晶，在此谨向付出辛勤劳动的各位作者致敬！书中难免会有不当之处，请读者不吝赐教。

刘　鹏

于南京大数据研究院

2018 年 5 月

前　言

随着信息技术的发展和科技的进步，人类步入了大数据时代。作为当前高科技时代的产物，大数据由大量结构化、半结构化和非结构化数据组成，它需要经过采集、清洗、存储、分析、建模、可视化等过程加工处理之后，才能真正产生价值。数据清洗是大数据技术不可缺少的环节，用来发现并纠正数据中可能存在的错误，针对数据审查过程中发现的错误值、缺失值、异常值、可疑数据，选用适当方法进行"清理"，把"脏"的数据变为"干净"的数据。

本书共分 8 章，下面分别对每章内容进行简单介绍。

第 1 章主要介绍数据清洗的概念、任务和流程，数据标准化概念及数据仓库技术等知识点。通过本章的学习，读者能够初步认识数据清洗、数据标准化及数据仓库。

第 2 章为数据格式及编码，主要介绍 Windows 和类 UNIX 操作系统下的数据常规格式，如文本格式、xls 及 xlsx 格式、JSON、XML、HTML 等，并针对数据的类型、数据编码及字符集进行了阐述，最后介绍格式间的相互转换，包括电子表格转换、数据库数据转换等。通过本章的学习，了解当前主流的数据格式、数据编码及格式间相互转换等知识。

第 3 章为数据清洗基本技术方法。本章从 ETL 技术出发，介绍 ETL 概念、数据清洗的技术路线、ETL 工具及 ETL 子系统等知识。通过本章的学习，进一步了解数据清洗的概念、技术路线及主要功能。

第 4 章为数据清洗常用工具及基本操作。介绍了 Microsoft Excel 数据清洗操作步骤、Kettle 安装使用及操作步骤、OpenRefine 的安装使用及操作步骤、DataWrangler 的安装使用及操作步骤、Hawk 网页数据采集的方法及操作实例。通过本章的学习，掌握当前市面主流的数据清洗工具的使用，为后面进行数据清洗做必要的准备工作。

第 5 章为数据抽取。本章以 Kettle 开源工具为载体，介绍文本文件抽取、Web 数据抽取、数据库数据抽取及增量数据抽取等知识。通过本章的学习，能够掌握借助 Kettle 实现文本文件抽取、网页文本抽取、数据库数据的导入导出、关系数据库到 NoSQL 的抽取转换及增量抽取等。

第 6 章为数据转换与加载。本章详细介绍数据清洗步骤、数据检验、错误处理、数据质量评估及数据装载等知识。通过本章的学习，掌握数据清洗具体方法和数据转换过程中的数据检验、错误处理等，以及数据加载和批量加载技术。

第 7 章为采集 Web 数据实例，介绍了网页结构、网络爬虫、行为日志数据采集等知识。通过本章的学习，了解网络爬虫技术采集 Web 数据的方法以及行为日志分析方法。

第 8 章为清洗 RDBMS 数据实例，介绍了 RDBMS 的数据清洗方法和数据脱敏处理技术，使读者进一步掌握关系型数据库清洗方法和敏感数据脱敏处理技巧。

本书的编写和整理工作由数据清洗教材编写组和南京云创大数据科技股份有限公司完成，主要参与人员有王海涛、于澄、岳宗辉、徐佩锋、秦毅、葛斌、文华、朱堂勋、陈潇潇、付雯等。全体成员在近一年的编写过程中付出了辛勤的汗水，在此由衷感谢。本书的问世也要感谢清华大学出版社王莉编辑给予的宝贵意见和支持。

尽管我们付出了最大的努力，但教材中难免存在不妥之处，欢迎各界专家和读者朋友提出宝贵意见，我们将不胜感谢。您在阅读本书时，如发现任何问题或不认同之处，可以通过电子邮件与我们联系，请发送邮件至：DataCleaning@163.com。

李法平
2017 年 12 月

目　录

第 1 章

数据清洗概述

在当今信息技术时代，大数据堪称是一项伟大技术，它改变了传统的数据收集、处理和应用模式，为众多领域的跨越式发展带来了新的机遇和挑战。大数据的战略价值不是追求掌握庞大的数据量，而在于对这些富有内涵的数据进行专业化处理，获取具有更强决策力、洞察力和流程优化能力的信息资产，进而指导科学决策和生产实践。人类在努力将数据转化为信息和知识的同时，也面临着海量数据中夹杂着"脏"数据的挑战。因此，对原始数据进行有效清洗并将其转化为易理解和易利用的目标数据，已成为人类进行大数据分析和应用过程中的关键一环。数据清洗（Data Cleaning）用来对数据进行审查和校验，进而删除重复信息，纠正存在的错误，并保持数据的一致性、精确性、完整性和有效性。由此可见，数据清洗在整个大数据分析过程中扮演着重要的角色。作为本书的引子，本章主要阐述数据清洗的基本概念和相关技术。

1.1 数据清洗简介

1.1.1 数据科学过程

现代社会的各个角落无不充斥着种类繁多、数量庞大的数据，这些数据不仅包括传统的结构型数据，还包括如网页、文本、图像、视频、语音之类的非结构型数据。大数据的兴起和研究热潮将数据科学推到风口浪尖。大数据不仅是一门技术，更代表了一种潮流和一个时代，而数据科学则是一门新兴的以数据为研究中心的学科。作为一门学科，数据科学以数据的广泛性和多样性为基础，探寻数据研究的共性。例如，自然语言处理和生物大分子模型里都用到了隐式马氏过程和动态规划方法，其根本原因是它们处理的都是一维的随机信号。再如图像处理和统计学习中都用到正则化方法，因此用于图像处理的算法和用于压缩感知的算法有着许多共同之处。（参见文末参考文献[1]）

数据科学是一门关于数据的工程，它需要同时具备理论基础和工程经验，需要掌握各种工具的用法。数据科学主要包括两个方面，即用数据的方法来研究科学和用科学的方法来研究数据。前者包括生物信息学、天体信息学、数字地球等领域；后者包括统计学、机器学习、数据挖掘、数据库等领域。这些学科都是数据科学的重要组成部分，但只有把它们有机地放在一起，才能形成整个数据科学的全貌。数据科学的综合性也对数据科学家们提出了较高的技能要求，他们需要掌握的知识包括计算机、统计学、数据处理和数据可视化等。（参见文末参考文献[2]）

数据清洗是数据科学家完成数据分析和处理任务过程中必须面对的重要一环。具体来说，数据科学的一般处理过程包括如下几个步骤。

（1）问题陈述：明确需要解决的问题和任务。

（2）数据收集与存储：通过多种手段采集和存放来自众多数据源的数据。

（3）数据清洗：对数据进行针对性的整理和规范，以便于后面的分析和处理。

（4）数据分析和挖掘：运用特定模型和算法来寻求数据中隐含的知识和规律。

（5）数据呈现和可视化：以恰当的方式呈现数据分析和挖掘的结果。

（6）科学决策：根据数据分析和处理结果来决定问题的解决方案。

需要指出的是，上述数据科学过程的 6 个步骤并非全部需要，而且上述步骤的执行是一个反复迭代的过程。例如，在一个数据分析项目中可能需要不止一次地执行数据清洗和数据呈现操作。此外，数据分析和挖掘方法会影响数据清洗的手段和方式。

1.1.2 数据清洗定义

来自多样化数据源的数据内容并不完美，存在着许多"脏"数据，即数据不完整、存在错误和重复的数据、数据的不一致和冲突等缺陷。统计资料表明，"脏"数据大约占到总数据量的 5%，"脏"数据会对建立的数据处理和应用系统造成不良影响，扭曲从数据中获得的信息，影响数据应用系统的运行效果,进一步影响数据挖掘效能,最终影响决策管理。为了减少这些"脏"数据对数据分析和挖掘结果的影响,必须采取各种有效的措施对采集的原始数据进行有效的预处理,这一预处理过程称为"数据清洗(Data Cleaning/Cleansing)",即在数据集中发现不准确、不完整或不合理数据,并对这些数据进行修补或移除以提高数据质量的过程。

目前,对于数据清洗并没有统一的定义,其定义依赖于具体的应用领域。从广义上讲,数据清洗是将原始数据进行精简以去除冗余和消除不一致,并使剩余的数据转换成可接收的标准格式的过程;而狭义上的数据清洗特指在构建数据仓库和实现数据挖掘前对数据源进行处理,使数据实现准确性、完整性、一致性、唯一性和有效性以适应后续操作的过程。一般而言,凡是有助于提高信息系统数据质量的处理过程,都可认为是数据清洗。简单地说就是从数据源中清除错误数值和重复记录,即利用特定技术和手段,基于预定义的清洗规则从数据源中检测和消除错误数据、不完整数据和重复数据,从而提高信息系统的数据质量。

1.1.3　数据清洗任务

数据清洗就是对原始数据进行重新审查和校验的过程,目的在于删除重复信息、纠正存在的错误,并使得数据保持精确性、完整性、一致性、有效性及唯一性,还可能涉及数据的分解和重组,最终将原始数据转换为满足数据质量或应用要求的数据。对于任何大数据项目而言,数据清洗过程都是必不可少的步骤。此外,格式检查、完整性检查、合理性检查和极限检查也在数据清洗过程中完成。数据清洗对保持数据的一致和更新起着重要的作用,因此被用于如银行、保险、零售、电信和交通等多个行业。(参见文末参考文献[3])

当前,数据清洗主要有 3 个应用领域:数据仓库(Data Warehouse,DW)、数据库中知识的发现(Knowledge Discovery in Database,KDD)和数据质量管理(Data Quality Management,DQM)。

在数据仓库领域中,当对多个数据库合并时或多个数据源进行集成时需要使用数据清洗。例如,当同一个实体的记录在不同数据源中以不同格式表示或被错误表示的情况下,合并后的数据库中就会出现重复的记录。数据清洗就需要识别出重复的记录并消除它们,也就是所谓的数据合并/清除(Merge/Purge)问题。在数据仓库环境中,需要考虑数据仓库的集成性与面向主题的需要,包括数据的清洗及结构转换。

在数据库中的知识发现领域,数据清洗为 KDD 过程的首个步骤,即对数据进行预处理的过程。KDD 应用中数据清洗的主要任务是提高数据的可用性,如去除噪声、无关数据、空值并考虑数据的动态变化等。例如,在字符分类问题中可以使用机器学习技术进行数据清洗,包括使用特定算法检查数据库,以及检测遗失和错误的数据并予以纠正。

数据质量管理用于解决信息系统中的数据质量及集成问题。在数据质量管理领域中,数据清洗从数据质量的角度出发,把数据清洗过程和数据生命周期集成在一起,对数据正确性进行检查并改善数据质量。

数据清洗对随后的数据分析非常重要,因为它能提高数据分析的准确性。但是数据清洗依赖复杂的关系模型,会带来额外的计算开销和处理延迟,所以要在数据清洗模型的复杂性和分析结果的准确性之间进行平衡。

1.1.4 数据清洗流程

数据清洗的基本原理是通过分析"脏"数据的产生原因和存在形式,利用数据溯源的思想,从"脏"数据产生的源头开始分析数据,对数据流经的每一环节进行考察,从中提取数据清洗的规则和策略,基于已有的业务知识对原始数据集应用数据清洗规则和策略来发现"脏"数据,并通过特定的清洗算法来清洗"脏"数据,从而得到满足预期要求的数据。(参见文末参考文献[4])

1. 分析数据并定义清洗规则

首先定义错误类型,通过全面详尽的数据分析来检测数据中的错误或不一致情况,包括手工检查数据样本和通过计算机自动分析程序来发现数据集中存在的缺陷。然后,根据数据分析的结果来定义数据清洗规则,并选择合适的数据清洗算法。

2. 搜寻并标识错误实例

手工检测数据集中的属性错误需要花费大量时间和精力,成本高昂且这个过程本身容易出错。因此,一般倾向于利用高效的检测方法来自动搜寻数据集中存在的各类错误,包括数据值是否符合字段域、业务规则,或是否存在重复记录等。常用的检测方法主要有:基于统计的方法、聚类方法和关联规则方法。消除重复记录首先要检测出标识同一个实体的重复记录,即匹配与合并过程。检测重复记录的算法主要有:字段匹配算法、Smith—Waterman 算法和 Cosine 相似度函数。

3．纠正发现的错误

在原始数据集上执行预定义并已得到验证的数据清洗转换规则，修正检测到的错误数据，或处理冗余和不一致的数据。需要注意，当在源数据上进行数据清洗时，应备份源数据，以防需要撤销清洗操作。根据"脏"数据存在的形式，执行一系列的数据清除和数据格式转换步骤来解决模式层和实例层的数据质量问题。为了使数据匹配和合并变得方便，应该将数据属性值转换成统一的格式。

4．"干净"数据回流

当完成数据清洗后，应用文档记录错误实例和错误类型，并修改数据录入程序以减少可能的错误。同时，用"干净"的数据替换原始数据集中的"脏"数据，以便提高信息系统的数据质量，还可避免再次抽取数据后进行重复的清洗工作。

5．数据清洗的评判

数据清洗执行完毕后，有必要对数据清洗的效果进行评价。数据清洗的评价标准主要包括两个方面：数据的可信性和数据的可用性。

数据可信性包括数据精确性、完整性、一致性、有效性和唯一性等指标。精确性描述数据是否与其对应的客观实体的特征相一致；完整性描述数据是否存在缺失记录或缺失字段；一致性描述同一实体的同一属性的值在不同的系统是否一致；有效性描述数据是否满足用户定义的条件或在一定的阈值范围内；唯一性描述数据是否存在重复记录。

数据的可用性考察指标主要包括时间性和稳定性。时间性描述数据是当前数据还是历史数据；稳定性描述数据是否是稳定的，是否在其有效期内。

需要指出的是，数据清洗是一项十分繁重的工作，数据清洗在提高数据质量的同时要付出一定的代价，包括投入的时间、人力和物力成本。通常情况下，大数据集的数据清洗是一个系统性的工作，需要多方配合以及大量人员的参与，还需要多种资源的支持。

1.1.5　数据清洗环境

数据清洗环境是指为进行数据清洗所提供的基本硬件设备和软件系统，特别是已得到广泛应用的开源软件和工具。下面简要列出了数据清洗操作常用的一些软件和工具。

（1）终端窗口和命令行界面，比如 Mac OS X 上的 Terminal 程序或

Linux 上的 bash 程序。在 Windows 上，有些命令可以通过 Windows 的命令提示符运行，而另外一些命令则要通过功能更强的命令行程序来运行，如 Cygwin。

（2）适合程序员使用的编辑器，如 Mac 上的 TextWrangler, Linux 上的 vi 或 emacs，或是 Windows 上的 Notepad++、Sublime Text 等。

（3）Python 客户端程序，如 Enthought Canopy。另外，还需要足够的权限来安装一些程序包文件。

（4）电子表格程序，如 Microsoft Excel 和 Google Sheets。

（5）数据库软件，如 MySQL 和 Microsoft Access。

1.1.6　数据清洗实例说明

本节给出一个简单的数据清洗实例，主要是清除隐藏在原始数据集中的噪声数据（参见文末参考文献[5]）。在实际情况下，数据处理平台系统经常会遇到各种各样的关于指标均值计算的问题，遵循数理统计的规律，此时噪声对数据均值计算的负面影响是显著的。以网站文件下载为例，假定一组记录文件下载时间长度的原始数据集如表 1-1 所示。直接计算网站文件平均下载时长，计算结果约为 23000 秒，约 6 小时，与实际情况严重不符，说明这一数据集受到了显著的噪声的影响而导致部分数据值出现严重偏差。为此，必须对原始数据集做异常值识别并尽可能剔除错误数据。

表 1-1　各个文件的下载时间

序　号	下 载 时 长	序　号	下 载 时 长
1	30	7	446
2	1	...	...
3	476	2401	956449
4	1034	2402	3844
5	1	2403	2065553
6	59		

具体来说，可以基于数据的分布特征，利用分箱法或聚类法来识别数据集中的噪声数据。一般情况下，对于离散程度适中的数据源来说，数据自身分布将会集中在某一区域之内，所以利用数据自身分布特征来识别噪声数据，再根据分箱或聚类方法在数据集中域中识别离群值及异常值。分箱法需要考虑某一数据近邻的数据，并使用平滑数据值替换当前有序数据。与分箱法相比，聚类提供了识别多维数据集中噪声数据的方法。在很多情况下，把整个记录空间聚类，能发现在字段级检查中未

发现的孤立点。聚类就是将数据集分组为多个类或簇，在同一个簇中的数据间有较高的相似度，而不同簇中的数据差别较大。将散落在外，不能归并到任一类中的数据称为"孤立点"或"离群点"，并作为噪声数据（异常值）进行剔除，如图 1-1 所示。

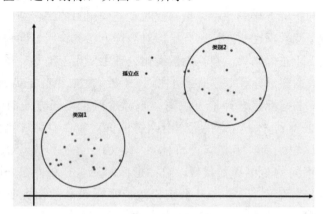

图 1-1　基于聚类的孤立点识别

对于表 1-1 中的数据，清洗数据时首先将数据集等分为 2403 个区间，找到数据的集中域[0, 3266]。然后，利用分箱法对取值在[0, 3266]之间的数据做进一步分析，对新数据组剔除离群值，得到清洗后的离群数据组。最后，统计计算清洗后的目标数据源的平均下载时长为 192.93 秒，约 3.22 分钟，符合网站文件下载的实际情况。从这个简单的例子可看出，基于数据的分布特征，数据清洗可以采用分箱法或聚类方法较为快捷地识别和剔除数据集中的噪声数据，从而获得良好的清洗效果。

对于普遍的数据传输和存储，数据去重（Data Deduplication）技术是一种专用的数据压缩技术，用于消除重复的数据。在数据去重过程中，一个唯一的数据块或数据段将分配一个标识并存储，该标识会加入一个标识列表。当去重过程继续时，一个标识已存在于标识列表中的新数据块将被认为是冗余的块。该数据块将被一个指向已存储数据块指针的引用替代。通过这种方式，任何给定的数据块只有一个实例存在。去重技术能够显著地减少存储空间，对大数据存储系统具有非常重要的作用。

1.2　数据标准化

1.2.1　数据标准化概念

数据标准化/规范化（Data Standardization/Normalization）是机构或组织对数据的定义、组织、分类、记录、编码、监督和保护进行标准化的过程，有利于数据的共享和管理，可以节省费用，提高数据使用效率和可用性。在进行数据分析之前，通常需要先将数据标准化，利用标准化后的数据进行数据分析和处理。数据标准化处理主要包括数据同趋化处理和无量纲化处理两个方面。数据同趋化处理主要解决不同性质数据问题，对不同性质的指标直接求和不能正确反映不同作用力的综合结果，必须先考虑改变逆指标数据性质，使所有指标对测评方案的作用力同趋化，然后再加总才能得出正确结果。数据无量纲化处理主要用于消除变量间的量纲关系，解决数据评价分析中数据的可比性。（参见文末参考文献[6]）

例如，多指标综合评价方法需要把评价对象不同方面的多个描述信息综合起来得到一个综合指标，由此对评价对象做整体评判，并进行横向或纵向比较。而在多指标评价体系中，由于各评价指标的性质不同，通常具有不同的量纲和数量级。当各指标间的水平相差很大时，如果直接用原始指标值进行分析，就会突出数值水平较高的指标在综合分析中的作用，相对削弱数值水平较低指标的作用。因此，为了保证结果的可靠性，需要对原始指标数据进行标准化处理。

1.2.2 数据标准化常用方法

1. max-min 标准化

max-min（最大-最小）标准化方法也叫离差标准化，是对原始数据进行线性变换的方法。设 minA 和 maxA 分别为属性 A 的最小值和最大值，将 A 的一个原始值 x 通过 max-min 标准化映射成在区间[0,1]中的值 x'，其公式为 x'=(x-minA)/(maxA-minA)。

2. z-score 标准化

z-score（标准分数）标准化方法基于原始数据的均值（mean）和标准差（standard deviation）进行数据的标准化，将 A 的原始值 x 标准化到 x'，其公式为 x'=(x-mean)/standard deviation。z-score 方法适用于属性 A 的最大值和最小值未知的情况，或有超出取值范围的离群数据的情况。

3. Decimal scaling 标准化

Decimal scaling（小数定标）标准化方法通过移动数据的小数点位置来进行标准化。小数点移动多少位取决于属性 A 的取值中的最大绝对值。使用 Decimal scaling 标准化将属性 A 的原始值 x 标准化到 x'的公式为 x'=x/(10^j)。其中，j 是满足条件的最小整数。

举个例子，假定 A 的取值范围是-986～917，则 A 的最大绝对值为986。使用小数定标标准化，即用每个值除以 1000（即 j=3），这样，-986被标准化为-0.986。

4．其他标准化方法

还有一些标准化方法的做法是将原始数据除以某一值。如将原始数据除以行或列的和，称为总和标准化；如将原始数据除以每行或每列中的最大值，则称为最大值标准化；如将原始数据除以行或列的和的平方根，则称为模标准化（norm standardization）。

需要指出的是，在选择标准化方法之前必须充分了解数据特征，然后再决定使用恰当的标准化方法。如果需要保证性能且数据量很大时就不适合采用 min-max 或 z-score，因为它们都需要先遍历所有数据，找出极值或均值后才能进行标准化。

◢ 1.3　数据仓库简介

1.3.1　数据仓库定义

人类正处在信息"爆炸"时代，面对浩如烟海的数据，怎么组织和存储数据，才能使人们从各种各样巨量的数据集中快速高效地获取所需的信息，成为亟待解决的问题。数据仓库与数据挖掘的出现为人们解决这些问题带来新的有效途径。数据仓库（Data Warehouse，DW）是因信息系统业务发展需要，基于传统数据库系统技术发展形成并逐步独立出来的一系列新的应用技术，目标是通过提供全面、大量的数据存储来有效支持高层决策分析。当前，数据仓库已成为一种能提供重要战略信息的新范例，在金融、零售、公共事务、航空和制造业等多个行业发挥着重要作用。（参见文末参考文献[7]）

1988 年，为解决企业集成问题，IBM 公司的研究员 Barry Devlin 和 Paul Murphy 创造性地提出了一个新的术语——数据仓库。之后，IT厂商开始构建实验性的数据仓库。1991 年，W. H. Inmon 出版了一本《建立数据仓库》，使得数据仓库真正开始应用。W. H. Inmon 在书中对数据仓库的定义是：数据仓库是决策支持系统和联机分析应用数据源的结构化数据环境，是一个面向主题的（Subject Oriented）、集成的（Integrated）、相对稳定的（Non-Volatile）、反映历史变化（Time Variant）的数据集合，用于支持经营管理中的决策制定过程。对于数据仓库而言，主题是一个在较高层次上将数据归类的标准，每个主题对应一个宏观的分析领域。

数据仓库的集成特性是指在数据进入数据仓库之前，必须经过数据加工和集成，这是建立数据仓库的关键步骤。数据仓库的稳定性是指数据仓库反映的是历史数据，而不是日常事务处理产生的数据，数据经加工和集成进入数据仓库后是极少或根本不修改的。此外，数据仓库是不同时间的数据集合，它要求数据仓库中的数据保存时限能满足进行决策分析的需要，而且数据仓库中的数据都要标示该数据的历史时期。（参见文末参考文献[8]）

相比来说，数据库是面向事务设计，而数据仓库是面向主题设计的。数据库设计是尽量避免冗余，一般需要符合范式的规则；数据仓库设计时引入冗余，采用反范式的方式。数据库是为捕获数据而设计，数据仓库是为分析数据而设计。数据库一般存储在线交易数据，数据仓库一般存储的是历史数据。

1.3.2 数据仓库组成要素

数据仓库不是一种提供战略信息的软件或硬件产品，而是一个便于用户找到战略信息和做出更好决策的计算环境，是一个以用户为中心的环境。数据仓库需要提供数据抽取、数据转换、数据装载和数据存储功能，并为用户提供交互接口。典型数据仓库的基本组成要素包括：源数据单元、数据准备单元、数据存储单元、信息传递单元、元数据单元和管理控制单元。（参见文末参考文献[9]）

1. 源数据单元

数据仓库的源数据单元主要包括 4 种类别的数据，分别是来源于企业各种操作系统的生产数据、企业的内部数据、定期保存的存档数据和企业的外部数据。

2. 数据准备单元

在从不同数据来源得到数据之后，需要对数据进行必要的检查、修正和转换，以便于数据仓库存储、查询和分析数据。通常来说，数据准备单元需要执行 3 个数据处理阶段，即数据抽取、数据转换和数据装载，也就是后面要讲的 ETL 过程。

3. 数据存储单元

数据仓库的数据存储单元是一个相对独立的部分。传统数据库系统通常为在线的交易处理应用程序提供数据支持，并且数据以适合快速查询和处理的数据格式加以存储。而在数据仓库中，需要存储大量的历史数据供数据分析使用。在传统数据库中，当发生交易时就要进行数据的更新，这使得数据库中的数据随时可能改变。与此不同，数据分析人员对数据仓库中的数据进行分析处理时，需要稳定可靠的数据，并且数据应能反映过去某个特定时段的情况。此外，数据仓库中的数据库必须是开放的。根据不同的需要，用户可以使用多个商家提供的工具。当前，大多数据仓库都采用关系数据库管理系统。

4．信息传递单元

为了向数据仓库的各类用户提供适当的信息，信息传递单元包含了多种信息传递方式，包括在线实时传递、内部网传输、外部网传递和电子邮件等。例如，信息传递单元可以为新手和临时用户提供定制的数据报表和查询，为商业专业分析人员和高级用户提供复杂查询、多维分析和统计等功能。此外，数据仓库还可为数据挖掘应用程序提供所需的数据。

5．元数据单元

数据仓库的元数据与数据库管理系统中的数据字典类似。在数据字典中，保存了逻辑数据结构、文件地址以及索引等信息，包含的是关于数据库中数据本身信息的数据。同样，元数据是描述数据仓库中数据本身信息的数据，其作用相当于电话黄页，可以看成描述数据仓库内容的一本字典。

6．管理控制单元

管理控制单元负责管理和协调数据仓库中的各项服务和行动，如可以控制数据抽取、转换和装载的行动，协调向用户传递的信息。管理控制单元可以与数据库管理系统协同工作来确保数据得到正确存储，并可以监视数据的整个流通过程。

1.3.3　数据仓库分类

根据企业构建数据仓库的主要应用场景，可以将数据仓库大致分为以下 4 种类型，每一种类型的数据仓库系统都有不同的技术指标与要求。（参见文末参考文献[9]）

1．传统数据仓库

企业把数据分成内部数据和外部数据，内部数据包括 OLTP 交易系统和 OLAP 分析系统的数据。企业首先需要将这些数据集中起来，经过转换放到这类数据库中，如 Teradata、Oracle 和 DB2 等，然后在数据库上对数据进行加工，建立各种主题模型，再提供报表分析业务。一般来说，数据的处理和加工是通过离线的批处理来完成的，通过各种应用模型实现具体的报表加工。

2. 实时处理数据仓库

随着业务的发展，企业客户需要对实时的数据做一些商业分析。例如，零售行业需要根据实时的销售数据来调整库存和生产计划，电力企业需要处理实时的传感器数据来排查故障以保障电力的生产等。此类行业用户对数据的实时性要求很高，传统的离线批处理的方式不能满足需求，因此需要构建实时处理的数据仓库。数据可以通过各种方式完成采集，然后数据仓库可以在指定的时间内对数据进行处理和统计分析等，再将数据存入数据仓库以满足一些其他业务的需求。

3. 关联发现数据仓库

在一些场景下，企业可能不知道数据的内联规则，而是需要通过数据挖掘的方式找出数据之间的关联关系、隐藏的联系和模式等，从而挖掘出数据的价值。很多行业的新业务都有这方面的需求，如金融行业的风险控制、反欺诈等业务。上下文无关联的数据仓库一般需要在架构设计上支持数据挖掘，并提供通用的算法接口来操作数据。

4. 数据集市

数据集市一般是用于某一类功能需求的数据仓库的简单模式，往往由一些业务部门构建，也可以构建在企业数据仓库上。一般来说，数据集市的数据源较少，但往往对数据分析的延时有很高的要求，并需要和各种报表工具很好地对接。

1.3.4 数据仓库相关技术

1. 数据清洗

数据仓库需要从种类各异的多个数据源中导入大量数据，这些数据存在字段的含义不同、量纲不统一、字段长度不一致、同一对象在不同数据源中的表示各异等数据质量问题，从而影响决策分析结果的正确性。因此，设计数据仓库的一个重要任务就通过数据清洗保证数据的一致性与正确性。

2. 数据粒度

数据粒度指数据仓库中保存数据的细化或综合程度。数据仓库中存储的数据粒度将直接影响到数据仓库中数据的存储质量及查询质量，并进一步影响数据仓库能否满足最终用户的分析需求。数据仓库中的数据粒度大致可划分为详细数据、轻度抽象和高度抽象 3 级。显然，数据粒度越小，其细化程度越高。设计数据仓库时，首先要合理确定数据粒度。为了合理确定数据粒度，首先需要对数据的记录数和数据仓库的磁盘空间进行估算，然后根据历史经验来选择合适的粒度水平，并根据用户的需求变化进行动态调整。

3．索引优化

不论是数据库还是数据仓库，索引查找是优化查询响应时间的重要方法，索引建立的好坏直接影响数据访问效率。因此，为了提高数据仓库的处理能力，需要合理使用索引技术。在数据仓库环境下，位图索引优于 B 树索引，但随着基数的增加，位图索引存在不可克服的缺点。如何高效地建立数据仓库的索引，提高查询性能，从整体上使系统得到优化，是需要进一步研究和探讨的问题。

4．物化视图选择和维护

数据仓库中存储了大量的来自多个异质数据源中的数据，这些数据在数据仓库中以物化视图（Materialized View）的形式存在。物化视图的选择和维护策略是数据仓库研究的重要问题之一。数据仓库中采用物化视图进行快速查询和分析，能有效提高查询速度和响应时间。此外，当数据源因元素的插入、删除和更新发生变化时，物化视图必须做相应更新以保证查询结果的正确性。

5．数据仓库的管理维护

大型数据库中存储着海量数据，一般可达 TB 级，并且存储的数据生命周期也较长，对数据的更新和维护提出了更高要求。为了减少数据更新量，数据仓库一般采用增量式更新策略。数据仓库维护的关键是如何从局部抽取数据并将抽取的数据转换为全局物化视图。此外，数据仓库的安全性涉及企业的绝大部分数据，必须建立有效的安全策略和授权访问控制机制。最后，数据仓库必须提供稳定可靠的数据备份和恢复策略，以避免造成无法挽回的损失。

1.3.5 常用工具简介

数据仓库以关系数据库为依托，以数据仓库理论为指导，以 OLAP为主要应用，以 ETL 工具进行数据集成、整合、清洗、加载转换，以前端工具进行前端报表展现浏览，目标是为达到整合企业信息，把数据转换成信息和知识，提供科学决策支持（参见文末参考文献[10]）。

数据仓库不只是一门纯粹的技术，更是一种架构和理念，核心在于对数据的整合集成，把企业原始数据进行集成、归类、分析，从而提供了企业决策分析需要的目标数据。数据库和数据仓库从物理设计角度应该是一致的，都是基于传统的关系数据库理论，而且两者有融合的趋势。SQL Server、Sybase、DB2 和 Oracle 都是传统的关系数据库，但是只要经过合理的数据模型设计或参数设置也可将其转变为很好的数据仓库实体。与此同时，数据仓库也在不断地发展演变之中。例如，SybaseIQ 和 Terradata 是典型的数据仓库，但不适合用于设计 OLTP 系统。

目前，OLAP（在线分析处理）已逐渐融合到数据仓库中，例如微软的 Analysis Service 和 DB2 的 OLAP Server，通过自身提供的专用接口可以加快多维数据的转换处理。当然，也有如 Essbase 这样纯粹的 OLAP 产品，实际上许多大型 OLAP 都采用 Essbase。

对于 ETL 而言，市场上广泛使用的 ETL 工具主要包括 Informatica PowerCenter、IBM 的 Datastage、SQLServer 搭配的 SSIS、Oracle 的 OWB 和 ODI，以及开源的 Kettle 等。

数据仓库可用的报表工具很多，专业性的报表工具有 Hyperion、BO、Congos 和 Brio，这些产品价格相对昂贵。便宜的报表工具可选用微软的 ReportService。

来自多个异构数据源的数据首先经过提取、检验、整理、加工和组织，然后存放到数据仓库的数据库中。接下来，为了方便用户（业务决策人员、各级管理人员和业务分析人员）灵活使用数据仓库中的数据，数据仓库还应为用户提供一套前端数据访问和分析工具。目前市场上能获得的数据访问和分析工具种类繁多，主要有关系型查询工具、数据多维视图工具和 DSS（决策支持系统）工具等。

1.4 习题

1. 什么是数据科学？请简要阐述数据清洗在数据科学过程中扮演什么角色。

2. 数据清洗的目的何在，你是如何理解数据清洗这一概念的？

3. 数据清洗的主要任务有哪些，当前有哪些主要的应用领域？

4. 结合一个实例说明数据清洗的流程包括哪些步骤，并简要说明数据清洗的主要评价标准。

5. 什么是数据标准化，其作用主要体现在哪些方面？

6. 请简单介绍一下 max-min 数据标准化和 z-score 数据标准化方法。

7. 请阐述数据仓库的典型特点是什么，并比较数据仓库和传统数据库的区别和联系。

8. 请举例说明数据仓库包括哪些组成要素，并简要阐述不同要素的作用。

9. 请介绍几种常见的数据仓库工具，并说明其作用。

第 2 章

数据格式与编码

数据格式（Data Format）是数据保存在文件或记录中的编排格式。可为数值、字符或二进制数等形式,通常用数据类型及数据长度来描述。由于计算机是统一自动化处理数据的,因此规定统一的数据格式是保证程序进行自动化数据处理的前提。

编码（Code/Encode）则是数据从一种表现形式转换为另一种表现形式的过程,即用预先规定的方法将文字、数字或其他信息编成固定格式的数字,也可以是将数据转换成规定的电脉冲信号。其逆过程是解码（Decode）,即将数字码转换成文字、数字和图片等信息。

通过学习本章中的 Windows 和类 UNIX 下的文本数据格式、Web 数据格式、Excel 数据格式、常用的数据类型与字符编码和数据格式间的相互转换等知识,能进一步加深对数据格式与编码的理解。

2.1 文件文本格式

在计算机中,所有的数据在存储和运算时都要使用二进制数表示（因为计算机用高电平和低电平分别表示 1 和 0）,例如,大小写字母、阿拉伯数字、常用符号（例如*、#、@等）在计算机中存储时要使用二进制数。具体用哪些二进制数字表示哪个符号,根据不同编码方式有不同的规则。ASCII（American Standard Code for Information Interchange）编码是一套公认的编码规则。如图 2-1 所示为常用字符的 ASCII 编码表。

常用字符的ASCII值表					
值	符号	值	符号	值	符号
0	空字符	44	,	91	[
32	空格	45	-	92	\
33	!	46	.	93	]
34	"	47	/	94	∧
35	#	48~57	0~9	95	_
36	$	58	:	96	`
37	%	59	;	97~122	a~z
38	&	60	<	123	{
39	'	61	=	124		
40	(	62	>	125	}
41	)	63	?	126	~
42	*	64	@	127	DEL(delete键)
43	+	65~90	A~Z		

图 2-1 常用字符的 ASCII 编码表

文本指计算机数据存储的表现形式,通常把人类可以理解的数据信息称为文本,把人类无法理解的数据信息称为非文本。而文件指数据在计算机硬盘中的存储形式,文件存储的内容可以是文本,也可以是非文本。

在不同时代和不同系统中都有与之对应的文件文本格式,针对系统的功能和特性,计算机的操作系统会有所不同,其中文件系统也会有所不同。

另外,世界主流的 IT 公司都有自身的技术和产品需求,针对自身产品会对应开发出自有的文件管理软件,也就造成各类系统下不同的文件文本格式。现阶段主流的文件文本格式都有较好的兼容性和相似性,其中文件文本格式又主要指人类可直接处理的数据格式,即文本格式。

2.1.1 常见文本格式

文本是计算机保存数据的主要方式,存放于计算机系统的文件系统中。文本有多种不同的格式,常见的文本格式有 txt、doc、zip、jpg 和 HTML 等。

1. Windows 操作系统下常见的文本格式

Microsoft Windows 操作系统是美国微软公司研发的一套操作系统,广泛应用于个人电脑和商业服务器,是最常见的操作系统。因为要涉及各类数据处理,所以 Windows 系统对应各类数据处理需求,开发出各类文本应用软件,并产生多种文本格式。

其中 txt 是微软在操作系统上附带的一种常见的文本格式,早在 DOS 时代就具有广泛的应用,主要存储文字信息,可用记事本软件、浏览器查看。

doc 格式是一种微软的专属文本格式,常见于微软办公软件系列中的 Microsoft Word,其文档内容可包括文字、图片、脚本语言等,但因为是属于封闭格式，因此其兼容性也较低。

xls 格式是微软办公系列软件 Microsoft Excel 的工作表，是一种常用的电子表格格式。xls 文件可以使用 Microsoft Excel 打开，用 Excel Viewer 查看。使用 Microsoft Excel 可以将 xls 格式的表格转换为多种格式：xml 表格、xml 数据、网页、使用制表符分割的文本文件（*.txt）以及使用逗号分隔的文本文件（*.csv）等，该文本格式应用广泛，后面会继续介绍 xls 格式和相关软件。

2．类 UNIX 操作系统下常见文本格式

类 UNIX 操作系统是一种应用广泛的操作系统，类 UNIX 内核的操作系统通常应用于服务器、智能移动产品和个人办公，常见的类 UNIX 操作系统有 Linux（如 CentOS、Ubuntu、Andriod）和 Mac OS。

现阶段的类 UNIX 操作系统已支持常见的 Windows 文本格式，如 txt 和 doc 等。

类 UNIX 操作系统常见的文本格式如下：

❑ dmg 格式：dmg 格式是 Mac OS 上的压缩镜像文件格式，类似 Windows 上的光盘镜像格式 iso，是安装软件的安装包。

❑ tar 格式：tar 格式是 Linux 系统中的打包格式，处理多个文件时，将众多文件打包在一个文件中，该文件的格式就是 tar 格式。

3．网络文本格式

随着互联网的快速发展，计算机的软件应用更多是和互联网相关，其中网络文本作为网络信息传播的主要载体，其技术也呈现多样化发展。

网络文本的技术起源是标准通用标记语言。标准通用标记语言是一种定义电子文档结构和描述其内容的国际标准语言，广泛应用于互联网的信息传播，其基本思想是把文档信息的内容与样式分开，其中的样式包括网页的格式和排版等。

常见的网络文本格式有 html、xml、php、jsp 和 css 等。多数文件格式都属于网页前端制作的范畴，主要用于显示包括固定格式信息、图片、视频和语音在内的后台服务器数据等。

2.1.2 xls 及 xlsx 文件格式

1．Excel 软件

Microsoft Excel 是微软公司的办公软件 Microsoft Office 的组件之一，是由 Microsoft 编写，运行于 Windows 和 Apple Macintosh 操作系

统中的一款试算表软件。它可以进行各种数据的处理、统计分析和辅助
决策操作，广泛地应用于管理、统计财经、金融等众多领域。

Excel 提供大量常用的数学公式，使用 Excel 可以执行函数计算、
数据分析和管理电子表格等操作，同时它对网页中的数据信息列表与数
据资料图表制作也提供支持，可以说掌握 Excel 的使用，就能够实现各
类常见的数据处理功能、各类统计分析和辅助决策。

与 Excel 配套组合的软件有 Word、PowerPoint、Access、InfoPath、
Outlook 和 Publisher。

2. Excel 相关文件格式

xlsx 是 Microsoft Office Excel 2007 或者更新版本保存的文件格式，
是用新的基于 XML 的压缩文件格式取代了其之前专有的文件格式。此
文件格式在传统的文件扩展名后面添加了字母 x（".docx" 取代 ".doc"，
".xlsx" 取代 ".xls"），使文件占用系统的空间更小。xls 格式的文件能
用所有版本的 Microsoft Excel 打开，但 xlsx 只有 Microsoft Excel 2007
或者更新版本软件才能打开。

2.1.3　JSON 文本格式

JSON 全称是 JavaScript Object Notation，即 JavaScript 对象标记，
是一种轻量级的数据传输格式，常用于网络信息的传输。JSON 基
于 ECMAScript 规范，采用独立于编程语言的文本格式来存储和表示
数据。

JSON 具有简洁和清晰的层次结构，是一种当下较为理想的数据传
输语言。因为 JSON 易于阅读和编写，也易于机器解析和生成，因此能
有效地提升网络传输效率，在现有的客户端和服务器数据交换传输中，
JSON 的应用非常广泛。

2.1.4　HTML 和 XML 文本格式

1. HTML

HTML 全称是 HyperText Markup Language，即超文本标记语言，
这里的 "超文本" 指的是页面内可以包含图片、链接，甚至音乐、程序
等非文字元素，HTML 是标准通用标记语言下的一个应用。

HTML 是现代网页中静态网页的基础，这里静态网页也就是网络上
用于传播和阅读的信息页面，在静态网页中如果加入动态网页的技术，
如在 HTML 页面中加入 PHP 和 JSP 脚本，就可以和服务器进行数据交
互成为动态网页。

2. XML

与 JSON 功能相同的另一种格式是 XML,其全称是 Extensible Markup Language,即可扩展标记语言,也是标准通用标记语言下的一个应用。XML 是各种应用程序之间进行数据传输最常用的工具。

XML 可以用来标记数据、定义数据类型,是一种允许用户对自己的标记语言进行定义的源语言。XML 适合万维网传输,提供一种统一的方法来描述和交换独立于应用程序或编程语言的结构化数据。XML 是网络环境中跨平台的数据传输技术,也是当今处理分布式结构信息的有效语言。

3. XML 和 JSON 的比较

XML 和 JSON 的相同之处主要有以下几点:

❑ JSON 和 XML 都是纯文本。

❑ JSON 和 XML 都具有"自我描述性",即它们的语言特征和结构都形象易懂。

❑ XML 和 JSON 都可以通过 JavaScript 进行解析。

XML 和 JSON 的不同点分别如下:

❑ XML 有结束标签而 JSON 没有。

❑ 相同数据传输功能下,JSON 一般比 XML 更短、速度更快。

2.2 数据编码

数据编码就是将存储在计算机系统中的各类信息记录,按照统一的标准转换为一组数字码,通过不同的数字码来代表不同信息。编码的应用非常广泛,在信息传播的物理层到软件应用层,各个层次和领域都会应用,例如计算机网络与通信领域。

由于计算机要处理的数据信息非常复杂,各种信息记录的文字和符号不能统一,为了便于使用,容易记忆,常常要对各种信息进行统一编码,通过编码表内的码值来代替文本数据。这个过程对计算机数据处理非常重要,通过编码统一各类数据的表现形式,方便计算机进行信息分类、校核、统计、检索等操作。人们可以利用编码来识别每一个记录,进行分类和校核,从而克服信息参差不齐的缺点,并能节省计算机的存储空间,提高计算机处理速度。

常见的编码类型如下:

❑ ASCII 编码:用于计算机显示现代英语和其他西欧语言。

❑ UTF-8(8-bit Unicode Transformation Format)编码:又称万国码,UTF-8 用 1~6 个字节编码 Unicode 字符,用在网页上可以

统一页面显示中文简体、繁体及其他语言。

- GB 编码：简称国标码，它对 2 万多个简繁汉字进行了编码，最先用于 Windows 系统的简体中文显示，常见的版本有 GB2312。
- Unicode 编码：又称统一码、万国码，它是计算机科学领域里的一项业界标准，包括字符集、编码方案等。Unicode 是为了解决传统的字符编码方案的局限而产生的，它为每种语言中的每个字符设定了统一并且唯一的二进制编码，以满足跨语言、跨平台进行文本转换和处理的需求。
- 4B/5B 编码：把数据信息转换成 5 位符号，用于信息的通信传输，因其效率高和容易实现而被采用。

将编码后的信息转换为其他信息是编码的逆过程，称为解码。

2.2.1 数据类型

数据类型是一种数据结构，包括定义一个值的集合以及定义在这个值集上的一组操作。通常根据数据的特点将数据划分为不同的类型。

按照计算机的存储特性，编程语言和数据库应用都会把数据划分为特定的几种类型：

1．Java 常见数据类型

Java 的基础数据类型可分为 4 类 8 种，包含整型（byte、short、int、long）、浮点型（float、double）、逻辑型（boolean）以及字符型（char），如表 2-1 所示。

表 2-1 Java 常见数据类型

类 型	字 节	取 值 范 围
byte	1	$-2^7 \sim 2^7-1$
short	2	$-2^{15} \sim 2^{15}-1$
int	4	$-2^{31} \sim 2^{31}-1$
long	8	$-2^{63} \sim 2^{63}-1$
float	4	$-3.403E38 \sim 3.403E38$
double	8	$-1.798E308 \sim 1.798E308$
boolean	1/8	true 或 false
char	2	$0 \sim 2^{16}-1$

（1）布尔类型

布尔类型 bool 常用于记录判断对错的逻辑变量，只允许取值 true

或 false。在其他编程语言（例如 C 语言）中，常用数值 1 代表 true，0 或非 1 的值代表 false，Java 中不可以用数值代表 true 或者 false。

（2）文本类型

① 字符（char）。字符类型 char 是存储单个字符的类型，用单引号引上单个字符表示字符常量，例如：

```
char  aChar='a';  char  bChar='b';
```

Java 中的字符采用 Unicode 编码，每个字符占 2 个字节，因此可使用十六进制编码表示一个字符。例如：

```
char cChar='\u0061';
```

Java 中还可以使用转义字符"\"来将其后的字符转换为其他的含义，例如：

```
char dChar='\n';              //其中"\n"代表换行符
```

② 字符串（String）。字符串类型 String 用来存储一串字符，其本质是一个字符数组。与其他高级语言不同的是，Java 中 String 是一个特殊类，具有不可变性[也称常量性（Constant）]。

（3）整数类型

整数类型，顾名思义，用来存储有符号的整数数据。在计算机中用二进制补码的形式表示，基本类型如下：

① 字节型（byte），占 1 个字节，取值范围是-128～127。

② 短整型（short），占 2 个字节，取值范围是-2^{15}～$2^{15}-1$。

③ 整型（int），是最常用的整数类型，也是 Java 中默认的整数类型，占 4 个字节，取值范围是-2^{31}～$2^{31}-1$。

④ 长整型（long），占 8 个字节，取值范围是-2^{63}～$2^{63}-1$。

注意：Java 各类整数类型有固定的取值范围和字段长度，不受具体操作系统的影响，保证了 Java 程序的可移植性。

（4）浮点型（float、double）

浮点数又称小数、非整数，与整数类型相似。Java 浮点数类型有固定的取值范围和字段长度，不受平台影响。Java 浮点类型常量有两种表述形式，举例如下：

❑ 十进制数：3.14，科学记数法表示为 3.14E0。

❑ 十进制数：314.0，科学记数法表示为 3.14E2。

❑ 十进制数：0.314，科学记数法表示为 3.14E-2。

Java 浮点型常量有两种类型，分别为：

❑ float 型，占 4 字节，取值范围是-3.403E38～3.403E38。

❏ double 型，占 8 字节，取值范围是-1.798E308～1.798E308。

Java 默认的浮点数为 double 型，如果要声明一个常量为 float 型，则需要在数字后面加 f 或 F，例如：double d = 12345.6；而 float 类型是 float f = 12.3f。

2．MySQL 常见数据类型

MySQL 支持多种类型，大致可以分为 3 类：数值、日期和时间、字符串（字符）类型。

（1）数值类型

MySQL 支持所有标准 SQL 数值数据类型，这些类型包括数值数据类型（INTEGER、SMALLINT、DECIMAL 和 NUMERIC），以及浮点数据类型（FLOAT、DOUBLE），如表 2-2 所示。

表 2-2　MySQL 数值类型

类型	大小（字节）	范围（有符号）	范围（无符号）	用途
TINYINT	1	(-128,127)	(0,255)	小整数值
SMALLINT	2	(-32768,32767)	(0,65535)	大整数值
MEDIUMINT	3	(-8388608,8388607)	(0,16777215)	大整数值
INT 或 INTEGER	4	(-2147483648, 2147483647)	(0,4294967295)	大整数值
BIGINT	8	(-9233372036854775808, 9223372036854775807)	(0,18446744073709551615)	极大整数值
FLOAT	4	(-3.402823466E+38, -1.175494351E-38), 0,(1.175494351E-38, 3.402823466351E+38)	0,(1.175494351E-38, 3.402823466E+38)	单精度浮点数值
DOUBLE	8	(-1.7976931348623157E+308, -2.2250738585072014E-308),0, (2.2250738585072014E-308, 1.7976931348623157E+308)	0,(2.2250738585072014E-308, 1.7976931348623157E+308)	双精度浮点数值
DECIMAL	对 DECIMAL (M,D)，如果 M>D，为 M+ 2，否则为 D+2	依赖于 M 和 D 的值	依赖于 M 和 D 的值	小数值

续表

类型	大小（字节）	范围（有符号）	范围（无符号）	用途
NUMERIC	NUMERIC (M,D)，如果 M>D，为 M+2，否则为 D+2	依赖于 M 和 D 的值	依赖于 M 和 D 的值	小数值

关键字 INT 是 INTEGER 的同义词，代表整型，关键字 DEC 是 DECIMAL 的同义词，代表十进制数。BIT 数据类型保存位字段值，并且支持 MyISAM、MEMORY、InnoDB 和 BDB 表。作为 SQL 标准的扩展，MySQL 也支持整数类型 TINYINT、MEDIUMINT 和 BIGINT。表 2-2 显示了每个整数类型需要的存储空间和范围。

（2）日期和时间类型

表示时间值的日期和时间类型有 DATE、TIME、YEAR、DATATIME 和 TIMESTAMP。每个时间类型有一个有效值范围和一个"零"值，当存储值不合法时或指定 MySQL 不能表示的值时会自动填充"零"值，其中 TIMESTAMP 类型有专有的自动更新特性，具体类型如表 2-3 所示。

表 2-3　MySQL 日期和时间类型

类　型	大小（字节）	范　围	格　式	用　途
DATE	3	1000-01-01/9999-12-31	YYYY-MM-DD	日期值
TIME	3	'-23:59:59'/'23:59:59'	HH:MM:SS	时间值或持续时间
YEAR	1	1901/2155	YYYY	年份值
DATETIME	8	1000-01-01 00:00:00/9999-12-31 23:59:59	YYYY-MM-DD HH:MM:SS	混合日期和时间值
TIMESTAMP	4	1970-01-01 00:00:00/2037 年某时	YYYYMMDD HHMMSS	混合日期和时间值，时间戳

（3）字符串类型

字符串类型指 CHAR、VARCHAR、TEXT、ENUM 和 SET 等，如表 2-4 所示。

表 2-4　MySQL 字符串类型

类　型	大小（字节）	用　途
CHAR	0～255	定长字符串

续表

类　　型	大小（字节）	用　　途
VARCHAR	0～65535	变长字符串
TEXT	0～65535	长文本数据
TINYTEXT	0～255	短文本字符串
MEDIUMTEXT	0～16777215	中等长度文本数据
LONGTEXT	0～4294967295	极大文本数据
ENUM	0～65535 个选项	单选字符串数据类型
SET	0～64 个选项	多选字符串数据类型，适合存储表单界面的"多选值"，set 的每个选项值也对应一个数字，依次是 1、2、4、8、16...，最多有 64 个选项

CHAR 和 VARCHAR 类型类似，但它们保存和检索的方式不同。它们的最大长度和是否尾部空格被保留等方面也不同，在存储或检索过程中不进行大小写转换。TEXT 包含 TINYTEXT、TEXT、MEDIUMTEXT 和 LONGTEXT 四种类型。

此外，在 MySQL 中还存在以二进制方式存储的类型，包括 BINARY、VARBINARY 和 BLOB。BINARY 类和 VARBINARY 类类似于 CHAR 和 VARCHAR，不同的是它们只能存储二进制字符串而不能是非二进制字符串。也就是说，它们的值仅包含字节字符串而不能是字符串。这说明它们没有字符集，并且排序和比较是基于列值字节的数值。

BLOB 也是一个用二进制方式存储的对象，可以容纳可变数量的数据。有 4 种 BLOB 类型：TINYBLOB、BLOB、MEDIUMBLOB 和 LONGBLOB。它们的区别是可存储值的最大长度不同。

2.2.2　数据类型间转换

在编程语言中，不同数据类型可以相互转换，例如整型、实数型（常量）、字符型数据可以混合运算。运算中，不同类型的数据先转化为同一类型，然后进行运算。以 Java 为例，当需要用不同数据类型运算时，数据会默认转换。默认转换是从低级到高级，即统一转换为所有运算数据中最高级数据的类型，级别关系如下：

```
低————▶高
byte,short,char -> int -> long -> float -> double
```

数据类型转换必须满足如下规则：

❑　不能对 boolean 类型进行类型转换；

❑　不能把对象类型转换成不相关类型的对象；

❑ 在把容量大的类型转换为容量小的类型时必须使用强制类型转换；

❑ 转换过程中可能导致溢出或损失精度，例如：

```
int i =128;    byte b = (byte)i;
```

因为 byte 类型是 8 位，最大值为 127，所以当强制转换 int 类型值为 128 时就会导致溢出。

当默认转换不能满足具体要求时，可以进行强制类型转换，其原则如下：

❑ 条件是转换的数据类型必须是兼容的；

❑ 格式：(type)value type 是要强制类型转换后的数据类型。

Java 语言中的类型转换实例：

```
public class QiangZhiZhuanHuan{
public static void main(String[] args){
int i1 = 123; byte b = (byte)i1;//强制类型转换为 byte
    System.out.println("int 强制类型转换为 byte 后的值等于"+b);
    }
}
```

2.2.3　字符编码

对字符进行编码，是信息交流的技术基础，在此之前，需要了解一些基本概念，如"字节""字符""字符集""编码""内码"。

1. 字节、字符和字符集

字节是计算机存储数据的单位，一个字节是一串 8 位二进制数，是一个具体的二进制空间。

字符是各种文字和符号的总称，包括各个国家文字、标点符号、图形符号、数字等。

字符集是多个字符的集合，字符集种类较多，每个字符集包含的字符个数不同，常见字符集有 ASCII 字符集、ISO 8859 字符集、GB2312 字符集、Big5 字符集、GB18030 字符集、Unicode 字符集等。计算机要准确地处理各种字符集文字，需要进行字符编码，以便计算机能够识别和存储各种文字。

其中比较典型的字符编码规则有 ANSI 和 Unicode，它们的编码方法都是用一个具体的数值去表示一个特定的字符，可以表示不同国家的语言、各类特殊符号等。

其中字符、字节、字符集的比较如表 2-5 所示。

表2-5 字符、字节与字符集比较

类 型	概 念 描 述	举 例
字符	人们使用的记号，抽象意义上的一个符号	'1', '中', 'a', '$', '¥'
字节	计算机中存储数据的单位，一般为 8 位二进制数，是计算机存储容量的计量单位	0x01, 0x45, 0xFA
ANSI 字符集	在内存中，如果"字符"是以 ANSI 编码形式存在的，一个字符可能使用一个字节或多个字节来表示，那么我们称这种字符串为 ANSI 字符串或者多字节字符串	"中文 123"（占 7 字节）
Unicode 字符集	在内存中，如果"字符"是以在 Unicode 中的序号存在的，那么我们称这种字符串为 Unicode 字符串或者宽字节字符串	"中文 123"（占 10 字节）

2．内码

在计算机科学及相关领域中，内码是指整机系统中使用的二进制字符编码，指的是"将资讯编码后，通过某种方式存储在特定存储设备时，内部的编码形式"。在不同的系统中，会有不同的内码。

在以往的英文系统中，内码为 ASCII。在繁体中文系统中，目前常用的内码为大五码（Big5）。在简体中文系统中，内码则为国标码（如GB2312）。而统一码（Unicode）则为另一种常见内码。

3．编码与字符集

编码（Encoding）和字符集不同。字符集只是字符的集合，不一定适合做网络传送、处理，有时须经编码（Encode）后才能应用。如 Unicode可依不同需要以 UTF-8、UTF-16、UTF-32 等方式编码。

字符编码就是以二进制的数字来对应字符集的字符。

因为各个国家和地区的语言文字不同，所制定的 ANSI 标准内容也就不相同，在不同的 ANSI 编码标准中，都只规定了各自语言所需的"字符"。比如，汉字标准（GB2312）中没有规定韩国语字符怎样存储。因此，这里 ANSI 编码标准所规定的内容包含两层含义：

① 使用哪些字符，例如使用某种文字、字母和符号会被收入字符标准中，所包含"字符"的集合就叫作"字符集"。

② 规定每个"字符"分别用一个字节还是多个字节存储，用哪些字节来存储，这个过程就叫作"编码"。

各个国家和地区在制定编码标准的时候，"字符的集合"和"编码"一般都是同时制定的。因此，平常我们所说的"字符集"，如 GB2312、GBK、JIS 等，除了有"字符的集合"这层含义外，同时也包含了"编码"的含义。

例如 Unicode 字符集，包含了各种语言中使用到的所有"字符"。用来给 Unicode 字符集编码的标准有很多种，如 UTF-8、UTF-7 和 UTF-16 等。

2.2.4 空值和乱码

1. 空值

在数据库中，空值（NULL）用来表示实际值未知或无意义的情况。空值不同于空白或零值，没有两个相等的空值，比较两个空值或将空值与任何其他值相比均返回未知，这是因为每个空值均为未知。

在一个表中，如果一行中的某列数值没有值，那么就称它为空值（NULL）。任何数据类型的列，只要没有使用非空（NOT NULL）或主键（PRIMARY KEY）完整性限制，都可以出现空值。在实际应用中，如果忽略空值的存在，将会造成不必要的麻烦。

空值具有以下特点：

- 等价于没有任何值。
- 与 0、空字符串或空格不同。
- 在 where 条件中，Oracle 认为结果为 NULL 的条件为 FALSE，带有这样条件的 select 语句不返回行，并且不返回错误信息。但 NULL 和 FALSE 是不同的。
- 排序时比其他数据都大。

2. 乱码

乱码主要指用文本编辑器打开文本时，使用了不对应的字符集和编码，从而造成文本解码错误，导致文本的部分字符或所有字符无法被正确显示的情况。例如 ISO8859 字符集和 GB2312 字符集对文本内容进行存储时，可能产生乱码。常见的乱码有文本乱码、文档乱码、文件乱码、网页乱码等，解决乱码的途径主要在于统一编码，Unicode 标准即可解决，例如 UTF-8 编码，可有效解决字符集中的乱码问题。

2.3 数据转换

文件是计算机信息保存的主要形式，也是操作系统中文件管理的重要载体，在不同时代和不同系统中都有与之对应的格式，针对系统的功能和特性，文件系统也会有所不同。

2.3.1　电子表格转换

数据信息一般使用专门软件处理，常见的有 Excel、Access、MySQL和 SQL Server 等，其中 SQL 是结构化查询语言（Structured Query Language）的简称，是一种数据库查询和程序设计语言，用于存取数据以及查询、更新和管理关系数据库系统；同时也是数据库脚本文件的扩展名。大多数数据库都支持 SQL，因此 SQL 语言也成为数据库的通用语言。

1. 数据库文件导出

现阶段主要用的数据库是 RDBMS，即关系型数据库管理系统（Relational Database Management System），它将数据组织为相关的行和列，而管理关系数据库的软件就是关系数据库管理系统，常用的数据库软件有 Oracle、SQL Server 等。

RDBMS 中的数据存储在被称为表（Tables）的数据库对象中，表是相关的数据项的集合，它由列和行组成。RDBMS 有以下特点：

- ❑　数据以表格的形式出现。
- ❑　每行为各种记录名称。
- ❑　每列为记录名称所对应的数据域。
- ❑　许多的行和列组成一张表单。
- ❑　若干的表单组成数据库。

通常情况下，数据库软件都能将其内部的数据库导出，以 MySQL为例，可以通过命令行的 MySQL 命令将数据库导出到一个后缀名为.sql的文件中，该文件格式可以通过 txt 文本编辑器编辑。

sql 文本中包含文件的基本组成信息，如该数据库导出时服务器的版本号、创建日期和编码格式等，一个标准数据库文件，即其 sql 文件信息中大部分是组成该数据库的表（Tables）信息。

2. 电子表格 Excel 转换为其他数据文件

在实际的程序开发、维护的过程中，很多时候都会涉及 Excel，因为用户的数据很多时候是用 Excel 而非数据库存储的。

导入 Excel 数据，当数据很多、零碎且数据格式不规范时，我们经常需要整理 Excel 表使其能变成 SQL 语句，最终把 SQL 语句在客户的服务器上执行。这里可以通过 Excel 中的公式来生成 SQL 语句，使 Excel表能转换为 SQL 数据库文件。

2.3.2 RDBMS 数据转换

常见的 RDBMS 有 Oracle、MySQL、Access、SQL Server 等。在日常业务中，可能存在数据规模的变化，出现数据库管理系统的变化，例如 MySQL 转换到 Oracle 数据库管理系统等。

大多数据库管理系统均有数据的导入、导出工具，可以实现数据源到目标的转换。例如，SQL Server 可以通过数据库客户端（SSMS）的界面工具实现数据库与 Excel、数据库与数据库之间的相互转换。

另外，对于复杂的数据转换，可以通过 ETL 工具，如 Kettle、OpenRefine 实现数据的抽取、转换及加载操作。

2.4 习题

1. Windows 下常见的文本格式有哪些，分别有什么用途？

2. Linux 下常见的文本格式有哪些，分别有什么用途？

3. 分别解释字符、字节和字符集，并说明它们的区别。

4. Java 中常见的数据类型有几种，分别是什么？

5. MySQL 中常见的数据类型有几种，分别是什么？

6. 分别解释空值和乱码，并举例说明它们在实际应用中的表现形式。

7. 参照图 2-1 的 ASCII 码表，符号 0 的 ASCII 码值是 48，那么符号 3 的 ASCII 码值是多少？同理，符号 a 的 ASCII 码值是 97，那么符号 c 的 ASCII 码值是多少？（用十进制表示）

8. 请分别写出符号 3 和符号 c 的 ASCII 码值二进制表示（提示：符号 0 的 ASCII 码二进制表示为 0011 0000）。

第 3 章

基本技术方法

　　随着互联网的发展，每天产生的数据越来越多，如何在这些数据中挖掘有用的数据，成为目前科学研究的一个重点。数据有可能产自文本，有可能产自数据库，也有可能产自网络。早期的数据统计分析使用简单的数据处理软件来实现，但随着海量数据的出现，需要我们重新对数据进行整理、加工。本章对当前大数据中常用的 ETL 解决方案进行讲解，并介绍常用的 ETL 工具。

3.1　ETL 入门

3.1.1　ETL 解决方案

　　企业每年产生海量的数据，这些数据，有的对企业非常重要，有的对企业没有用处。如何在海量数据中抽取出有用的数据，对于数据处理领域来说是一个重要课题。在这里，可以通过 ETL 来进行实现。

　　ETL，全称为 Extraction-Transformation-Loading，中文名为数据抽取、转换和加载。ETL 的主要功能是将分布的、异构数据源中的数据如关系数据、平面数据文件等抽取到临时中间层后进行清洗、转换、集成，最后加载到数据仓库或数据集市中，成为联机分析处理、数据挖掘的基础。ETL 是 BI（Business Intelligence，商业智能）项目最重要的一个环节，通常情况下 ETL 会花掉整个项目 1/3 的时间，ETL 设计的好坏直接关系到 BI 项目的成败。ETL 也是一个长期的过程，只有不断地发现问题并解决问题，才能使 ETL 运行效率更高，为项目后期开发提供准确的数据。

随着数据量的越来越多，提取有价值的数据越来越重要。这就要充分考虑到企业的需求，所以，ELT 解决方案的核心思想是"一切围绕需求"，这就意味着要集中收集所有已知的需求。ETL 的需求包括业务需求、现状和影响 ELT 系统的约束关系。

1. 业务需求

业务需求是数据仓库最终用户的信息需求，它直接决定了数据源的选择。在许多情况下，最初对于数据源的调查不一定完全反映数据的复杂性和局限性，所以在 ETL 设计时，需要考虑原始数据是否能解决用户的业务需求，同时，业务需求和数据源的内容是不断变化的，需要对 ETL 不断进行检验和讨论。

近年来，数据越来越准确和完备，但是也绝对不允许篡改。例如，电信部门使用数据仓库来满足日常报表需求已经有很多年了，但无论如何，对于财务报表要求已经变得越来越严格。对数据仓库典型的需求包括：

❑ 数据源的归档备份以及随后的数据存储。
❑ 任何造成数据修改的交易记录的完整性证明。
❑ 对分配和调整的规则进行完备的文档记录。
❑ 数据备份的安全性证明，不论是在线还是离线进行。

2. 数据评估

数据评估是使用分析方法来检查数据，充分了解数据的内容、质量。设计好的数据评估方法能够处理海量数据。

例如，企业的订单系统，能够很好地满足生产部门的需求。但是对于数据仓库来说，因为数据仓库使用的字段并不是以订单系统中的字段为中心，因此订单系统中的信息对于数据仓库的分析来讲是远远不够的。

数据评估是一个系统的检测过程，主要针对 ETL 需要的数据源的质量、范围和上下文进行检查。一个清洁的数据源是一个维护良好的数据源，只需要进行少量的数据置换和人工干预就可以直接加载和使用，但对于"脏"数据源需要进行操作处理，主要包括以下几个方面：

❑ 完全清除某些输入字段。
❑ 补入一些丢失的数据。
❑ 自动替换掉某些错误数据值。
❑ 在记录级别上进行人工干预。

❑ 对数据进行完全规范化的表述。

如果数据评估中某些数据源缺陷很大，不能支撑业务目标，其结果可能导致数据仓库构建失败。数据评估不仅保证了数据的清洁程度，还能防止漏掉一些重要的数据，所以在进行 ELT 前必须进行数据评估。

3. 数据集成

在数据进入数据仓库之前，需要将全部数据无缝集成到一起。数据集成可采用规模化的表格来实现，也就是在分离的数据库中建立公共维度实体，从而快速构建报表。

在 ELT 系统中，数据集成是数据流程中一个独立的步骤，叫作规格化步骤。

4. 最终用户提交界面

ETL 系统的最终步骤是将数据提交给最终用户，提交过程占据十分重要的位置，并对构成最终用户应用的数据结构和内容进行严格把关，确保其简单快捷。直接将使用复杂、查询缓慢的数据交给最终用户是不负责的，经常犯的一个错误就是将完全规范化的数据模型直接交给用户，就不再过问。

在使用 ETL 系统进行数据处理前，需要对数据进行建模。数据建模人员以及最终用户应用开发人员需要紧密配合，开发针对详细需求的数据模型。即使物理数据模型完全正确，不同的终端用户工具也有各自需要注意避免的用法，以及需要充分利用的优势。

3.1.2 ETL 基本构成

1. 数据抽取

所谓数据抽取，就是从源端数据系统中抽取目标数据系统需要的数据。进行数据抽取的原则：一是要求准确性，即能够将数据源中的数据准确抽取到；二是不对源端数据系统的性能、响应时间等造成影响。数据抽取可分为全量抽取和增量抽取两种方式。

（1）全量抽取

全量抽取好比数据的迁移和复制，它是将源端数据表中的数据一次性全部从数据库中抽取出来，再进行下一步操作。在 ETL 处理的数据中，除了关系型数据库外，还有可能是 txt 文件、xml 文件等，对于文件数据一般就采用全量抽取。抽取时与上次数据进行比较，如果数据一致，则本次抽取忽略不计。

（2）增量抽取

增量抽取主要是在第一次全量抽取完毕后，需要对源端数据中新增或修改的数据进行抽取。增量抽取的关键是抽取自上次以来，数据表中已经变化的数据。例如，在新生入学时，所有学生的信息采集整理属于全量抽取；在后期，如果有个别学生或部分学生需要休学，对这部分学生的操作即属于增量抽取。增量抽取一般有 4 种抽取模式。

① 触发器模式，这是普遍采用一种抽取模式。一般是建立 3 个触发器，即插入、修改、删除，并且要求用户拥有操作权限。当触发器获得新增数据后，程序会自动从临时表中读取数据。这种模式性能高、规则简单、效率高，且不需要修改业务系统表结构，可实现数据的递增加载。

② 时间戳方式，即在源数据表中增加一个时间戳字段。当系统修改源端数据表中的数据时，同时修改时间戳的值。在进行数据抽取时，通过比较系统时间和时间戳的值来决定需要抽取哪些数据。

③ 全表对比方式，即每次从源端数据表中读取所有数据，然后逐条比较数据，将修改过的数据过滤出来。此种方式主要采用 MD5 校验码。全表对比方式不会对源端表结构产生影响。

④ 日志对比方式，即通过分析数据库的日志来抽取相应的数据。这种方式主要是在 Oracle 9i 数据库中引入的。

以上 4 种方式中，时间戳方式是使用最为广泛的，在银行业务中采用的就是时间戳方式。

2. 数据转换

数据转换就是将从数据源获取的数据按照业务需求，通过转换、清洗、拆分等，加工成目的数据源所需要的格式。数据转换是 ETL 过程中最关键的步骤，它主要是对数据格式、数据类型等进行转换。它可以在数据抽取过程中进行，也可以通过 ETL 引擎进行转换。数据转换的原因非常多，主要包括以下 3 种：

① 数据不完整，指数据库的数据信息缺失。这种转换需要对数据内容进行二次输入，以进行补全。

② 数据格式错误，指数据超出数据范围。可通过定义完整性进行模式约束。

③ 数据不一致，即主表与子表的数据不能匹配。可通过业务主管部门确认后，再进行二次抽取。

3. 数据加载

数据加载是 ETL 的最后一个步骤，即将数据从临时表或文件中，加载到指定的数据仓库中。一般来说，有直接 SQL 语句操作和利用装载工具进行加载两种方式，最佳装载方式取决于操作类型以及数据的加载量。

3.1.3 ETL 技术选型

ETL 技术的选型，主要从成本、人员、案例和技术支持来衡量。目前流行的 3 种主要技术为 Datastage、Powercenter 和 ETL Automation。

在 Datastage 和 Powercenter 中，ETL 技术选型可以从对 ETL 流程的支持，对元数据的支持和对数据质量的支持来考虑，同时从兼顾维护的实用性、定制开发的支持等方面考虑。在 ETL 中，数据抽取过程多则上百，少则十几个，它们之间的依赖关系、出错控制及恢复的流程都是需要考虑的。

ETL Automation 的技术选型，没有将重点放在转换上，而是利用数据库本身的并行处理能力，用 SQL 语句来完成数据转换工作，重点放在对 ETL 流程的支撑上。

3.2 技术路线

当前云计算、人工智能、大数据都以海量数据为基础，但并不是所有的数据都可以直接使用，必须对数据进行清洗和整理，转变为系统可以处理的数据。根据数据的来源不同，可以分为文本清洗、RDBMS 清洗和 Web 内容清洗 3 种技术路线。

3.2.1 文本清洗路线

对文本进行清洗主要包括电子表格中的数据清洗和文本编辑器的数据清洗。

对于电子表格中的数据清洗，主要是利用表格中的行和列，以及电子表格中的内置函数。我们通常把一些数据复制到电子表格中，电子表格根据相应分隔符（制表位或逗号或其他）把数据分成不同的列。有时候会根据系统不同来人为地制定分隔符。

对于文本编辑器中的数据清洗，主要是许多操作系统中集成了文本编辑器，如 Windows 操作系统中的文本编辑器。在进行文本清洗前，需要对数据进行整理，包括对数据中的数据改变大小写、在文本每一行前端增加前缀，主要是为了在转换过程中，有可以参考的分隔符。

3.2.2　RDBMS 清洗路线

RDBMS 即关系型数据库管理系统，它作为经典的、长期使用的数据存储解决方案，成为数据存储的标准。但由于不同的人在设计数据库时，往往存在设计缺陷，需要对数据库的数据进行清洗。通过清洗可以找到异常数据，通常使用不同的策略来清洗不同类型的数据。

对于 RDBMS 数据的清洗，有两种方式可以选择，即可以先把数据导入数据库，然后在数据库端进行清洗；也可以在电子表格或文本编辑器中进行清洗。具体选择哪种方案，会根据不同的数据进行不同的选择。

3.2.3　Web 内容清洗路线

Web 内容清洗，主要是清洗来自网络的数据，为其构建合理的清洗方案。Web 数据主要来自 HTML 网页。HTML 网页的页面结构决定了采取哪种方式。

1．HTML 页面结构

HTML 页面结构中包含标签，用于区分不同的内容，它们本身都是由文本组成。所以从 Web 中进行数据抽取，可有两种不同的方式，一种是行分隔方式，另一种是树形结构方式。

在行分隔方式中，我们把网页的数据看作文本内容，把网页中的标签理解为分隔符，这样在进行数据抽取时就比较容易。

在树形结构方式中，把网页中的内容理解为由标签组成的树形结构，每个标签看作是一个节点，所有节点组成一棵树。这样，就可以根据树中元素的名字和位置提取相应的数据。

2．清洗方式

Web 内容清洗可以有两种方式，一种是逐行方式，另一种是使用树形结构方式。

逐行方式中，采用基于正则表达式的 HTML 分析技术，它是基于文件中的分隔符，配合正则表达式，获取需要的数据。

树形结构中，可以使用工具的使用实现数据的清洗。一种是使用Phython 中的 BeautifulSoup 库；另一种是使用一些基于浏览器的工具，如 Scraper 工具。

3.3 ETL 工具

3.3.1 ETL 功能

评价 ETL 设计的好坏需要从多个不同的角度来考虑，主要包括对多平台的支持、数据源格式的支持、数据的转换、数据的管理和调试、数据的集成和开放性以及对元数据的管理等方面。

1. 多平台

业务数据量的飞速增长，对系统的可靠性提出了更高的要求。对于海量的数据抽取，往往要求在有限的时间内完成。所以，平台对 ETL 开发工具的支持成为衡量一个开发工具的重要指标。目前主流的平台包括 Windows、Linux、IBM AIX、Mac OS 等。

2. 多种数据源

开发工具对数据源的支持非常重要，不仅要考虑项目开发中各种不同类型的数据源，还要考虑数据源的接口类型。例如，在数据抽取时，使用原厂商自己的专用接口，还是通用接口，效率会大不一样。数据源包括 Oracle、SQL Server、DB2、Sybase、Microsoft Excel 等。

3. 数据转换

由于在业务系统中的数据，存在数据时间跨度大、数据量多而乱的特点，就会造成在数据业务系统中可能会有多种完全不同的存储格式，也有可能业务系统存储的数据需要进行计算才能够抽取，因此，ETL 功能中必须要有对数据进行计算、合并、拆分等转换功能。

4. 具备管理和调试功能

由于数据业务量的增大，对数据抽取的要求也越来越高，专业的 ETL 工具要求具有管理和调度的功能，主要包括抽取过程的备份和恢复、版本升级、版本管理、支持统一的管理平台等功能。

5. 集成性和开放性

随着国内数据仓库技术的不断发展，大多数情况下一般项目只会用到 ETL 工具的少数几个功能，开发商将 ETL 工具的主要功能模块集成到自己的系统中，这样可以减少用户的操作错误。这就要求 ETL 能够具有较好的集成性和开放性。

6. 管理元数据

元数据是描述数据的数据,它是对业务数据本身及其运行环境的描述与定义,主要用于支持业务系统应用。元数据的主要表现是对对象的描述,即对数据库、表、列、主键等的描述。在当前信息化建设中,一些应用的异构性和分布性越来越普遍,使用统一的元数据成为重要的选择,合理的元数据可以打破以往信息化建设中的"信息孤岛"等问题。

元数据对于 ETL 来说至关重要,其主要表现为定义数据源的位置和属性、确定数据源和目标数据的对应规则、确定相关的业务逻辑等。元数据存在于整个数据仓库中,ETL 的所有处理过程尽可能地参照元数据。如何高效地存储元数据信息,成为 ETL 能否顺利实现的重要方面。业务逻辑的改变最终会落实为元数据的调整。

对于元数据的存储,国际组织提出了一些标准,比较著名的就是 XML,它为不同厂商工具之间的相互操作提供了可能性。对于元数据的管理,主要包括元数据的版本控制,基于元数据的查询、复用等功能。

3.3.2 开源 ETL 工具

目前,比较流行的开源 ETL 工具有 Pentaho Kettle、OpenRefine、DataWrangler 和 Hawk。

1. Pentaho Kettle

Kettle 是一款国外的开源 ETL 工具,纯 Java 编写,可以在 Windows、Linux、UNIX 上运行,无须安装,数据抽取高效稳定。

Kettle(中文译名:水壶),该项目的主程序员 Matt 希望把各种数据放到一个壶里,然后以一种指定的格式流出。

Kettle 将 ETL 流程编译为 XML 格式,学起来十分简单,Pentaho Data Integration(Kettle)使用 Java(Swing)开发。Kettle 作为编译器对以 XML 格式书写的流程进行编译。Kettle 的 JavaScript 引擎(和 Java 引擎)可以深层地控制对数据的处理。

2. OpenRefine

OpenRefine 最初叫作 Freebase Gridworks,由一家名为 Metaweb 的公司开发,主要用于调试各种表格,以避免随着时间的推移出现错误,这对于任何数据库来说都是一个很大的问题。后来,该软件被谷歌收购,更名为 Google Refine,并发布了第 2 版。2012 年 10 月,Google Refine 被社区接管,并以 OpenRefine 为名进行了开源。

3．DataWrangler

DataWrangler（中文译名：牧马人）是一款由斯坦福大学开发的在线数据清洗、数据重组软件，主要用于去除无效数据，将数据整理成用户需要的格式等。使用 DataWrangler 能节约用户花在数据整理上的时间，从而使其有更多的精力用于数据分析。

4．Hawk

Hawk 是一种数据抓取和清洗工具，依据 GPL 协议开源，软件基于C#实现，其前端界面使用 WPF 开发，支持插件扩展。能够灵活高效地采集网页、数据库、文件等来源的数据，并通过可视化拖曳操作，快速地进行生成、过滤、转换等数据操作，快速建立解决方案。非常适合作为网页爬虫和数据清洗工具。Hawk 含义为"鹰"，形容能够高效、准确地抓取和清洗数据。

3.4 ETL 子系统

如上所述，ETL 系统主要是从数据源中将数据抽取出来，进行加工处理，并加载到用户业务系统中。采取何种数据处理方式，依赖于不同的数据源、不同的数据特性、不同的脚本语言等。这些主要是依靠 ETL 子系统来实现。ETL 的子系统较多，有学者将其划分为 34 种，也有学者将其划分为 38 种，主要包括抽取类子系统、清洗和更正类子系统、数据发布类子系统和 ETL 环境管理类子系统。

3.4.1 抽取

抽取类子系统中，主要包括数据分析系统、增量捕获系统和数据抽取系统。

数据分析系统主要用来分析不同类型的数据源，包括数据源的格式、数据的类型、数据的内容等。

数据增量捕获系统主要是捕获数据源中发生了改变的数据，在Kettle 中可通过时间戳的方式来捕获数据的变化。

数据抽取系统主要是从不同的数据源抽取数据，通过数据的过滤和排序，数据格式的转换，迁移到 ETL 环境，进行数据暂存。

3.4.2 清洗和更正数据

清洗和更正数据子系统主要包括数据清洗系统、错误处理系统、审计维度系统、重复数据排查系统和数据一致性系统。

数据清洗系统主要是根据系统业务需求对数据源中的数据进行清洗，提高数据的质量。通过清洗，可以找到错误的数据，并进行更正。在数据清洗系统中，数据业务人员、源系统开发人员、ELT 开发人员都有义务来完成数据的清洗。

错误处理系统主要是记录在 ETL 过程中的每一个错误，类似于日志。不仅包括各类错误的处理逻辑，还包括对 ETL 开发过程中数据质量的实时监控。在一些开发工具中，例如 Kettle 开发工具，已经集成了错误处理系统，不需要再单独开发。

审计维度系统主要是将元数据的内容加载到相应的审计维度表中，方便用户查看元数据。审计维度表是一种特殊的维度表，它反映了对于事实变更的元数据，例如数据的加载日期、质量指标等。

重复数据排查系统主要是排查数据源中重复的数据，或者把不同数据源中相互矛盾的数据进行统一。在实际应用中，可以采用模糊查询、正则表达式匹配以及各类数据挖掘技术来解决此类问题。

数据一致性系统主要是对来源于多个数据源的数据进行一致性处理，使其遵守相同的约束，从而使系统支持跨多个数据源的数据集成工作。解决方法主要是使多个事实表指向同一个维度表，维度表中保留多个事实表中的自然键。

3.4.3　数据发布

数据发布类子系统主要是加载和更新数据仓库数据，包括数据缓慢变化维度处理系统、迟到维度处理系统、代理键生成系统等。这里主要讲述数据缓慢变化维度处理系统。

数据缓慢变化维度处理系统是多维度数据仓库的基础，它保存了对事实表进行分析的信息。例如，如果业务系统修改了客户的信息，维度变更也会根据不同的规则变更数据仓库中的数据维度。变更方式可采用覆盖、增加新行、增加新列、增加小维度表、分离历史表等方式。

覆盖就是直接用新值代替原来的值。增加新行主要是把当前行标记为 old，并且设置一个结束响应时间戳，同时创建一个新的行，并设置新的时间戳。增加新列主要是给表增加一个新的列来存放新的值，原来的值保持不变。增加一个小维度表就是把经常变更的表从主维度表里面分离出来，保存在新建的表里。分离历史表就是把每次的变化数据值保存到一个历史表中，同时保存数据变化的类型和变化的时间。

3.4.4　管理 ETL

管理 ETL 系统主要是对 ETL 开发环境进行设置，包括备份系统、恢复和重新启动子系统、工作流监控系统、问题报告系统、版本控制系统等。

▲ 3.5　习题

1. 什么是 ETL，其主要功能是什么？
2. 对数据仓库典型的需求包括哪几个方面？
3. 在数据评估中，对数据源进行清洁处理主要包括哪几个方面？
4. 简述比较流行的开源 ETL 工具。
5. ETL 子系统主要包括哪 4 种类型？

第 4 章

数据清洗常用工具及基本操作

所谓"工欲善其事，必先利其器"，因此要选择合适的工具软件进行数据清洗。因为数据清洗要花费整个数据分析过程80%的时间，所以选择合适的专业工具软件进行数据清洗，能提高数据清洗的自动化程度和时间效率，是大数据时代保证数据挖掘、专家决策、商业智能等活动成功的关键。随着数据科学的发展，越来越多的专业数据清洗软件被开发出来，本章将列举一些常用的数据清洗工具软件，其中除 Microsoft Excel 以外，其他的都是开源软件。配合实例介绍基本的操作方法，以便读者理解数据清洗的思路，并掌握常规的方法和步骤，达到举一反三、触类旁通的目的。

4.1 Microsoft Excel 数据清洗基本操作

4.1.1 Excel 数据清洗概述

Microsoft Excel 是微软公司 Microsoft Office 系列办公软件的重要组件之一，是一个功能强大的电子表格程序，能将整齐而美观的表格呈现给用户，还可以将表格中的数据通过多种形式的图形、图表表现出来，增强表格的表达力和感染力。Microsoft Excel 也是一个复杂的数据管理和分析软件，能完成许多复杂的数据运算，帮助使用者做出最优的决策。利用 Excel 内嵌的各种函数可以方便地实现数据清洗的功能，并且可以借助过滤、排序、作图等工具看出数据的规律。另外，Excel 还支持 VBA

编程，可以实现各种更加复杂的数据运算和清理。

　　作为一款桌面型数据处理软件，Excel 主要面向日常办公和中小型数据集的处理，但在面对海量数据的清洗任务时却是难以胜任的，即使是小型数据集在使用前也存在需要规范化的问题，因此，通过在 Excel 中进行数据清洗的实践操作，有助于帮助读者理解数据清洗的概念和知识，并掌握一定的操作技巧，为后面进行大数据集的清洗打好基础。

1. Excel 数据清洗相关操作

　　限于篇幅，有关 Excel 的基本操作，如不同类型的数据输入、数据自动填充、单元格的相对引用和绝对引用、数据排序、数据筛选、分类汇总、合并计算、图表操作等，这里不做介绍，请读者自行查阅其他资料。下面主要针对与数据清洗密切相关的操作和注意事项做简要介绍。

　　（1）数据分列

　　在利用 Excel 进行数据处理过程中，常会遇到 1 列单元格中的数据是组合型的情况，即粒度过大，如 "2017-03-25 Saturday 18:22"，包含日期、星期和时间 3 个部分，如图 4-1 所示。需要将之拆分为独立的 3 列，这时就可以采用分列功能实现，操作步骤如下。

　　步骤 1：选定要进行分列的数据，然后单击 "数据" 工具栏，选择 "分列"，如图 4-2 所示。

图 4-1　组合型数据示例　　　　　图 4-2　选择 "分列" 操作

　　步骤 2：出现文本分列向导（本向导也可以在选中待分列区域后，按 Alt+A+E 快捷键快速打开），如图 4-3 所示，默认选中 "分隔符号"，单击 "下一步" 按钮。

　　步骤 3：选择分隔符号，本例中为空格，所以选中 "空格" 复选框，选中后，在数据预览

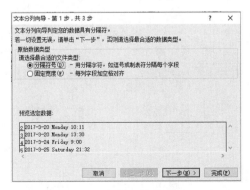

图 4-3　文本分列向导第 1 步

的区域里就会显示按照要求分隔后的格式，如图 4-4 所示，单击"下一步"按钮。

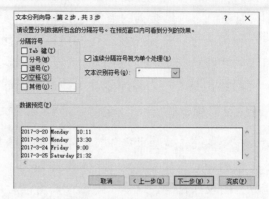

图 4-4　文本分列向导第 2 步

步骤 4：设置分列后各列的数据格式，根据实际情况而定，这里设为文本格式，选中"文本"单选按钮，如图 4-5 所示。

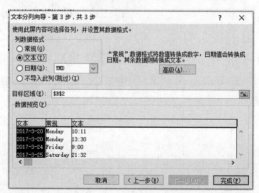

图 4-5　文本分列向导第 3 步

步骤 5：设置分列后，还可设置数据存放的区域，如图 4-6 所示，单击"完成"按钮。

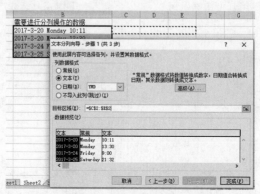

图 4-6　设置数据存放区域

可以看到，数据已被完美地分开，如图 4-7 所示。

B		C	D	E
需要进行分列操作的数据				
2017-3-20 Monday 10:11		2017-3-20	Monday	10:11
2017-3-20 Monday 13:30		2017-3-20	Monday	13:30
2017-3-24 Friday 9:00		2017-3-24	Friday	9:00
2017-3-25 Saturday 21:32		2017-3-25	Saturday	21:32

图 4-7 完成数据分列

（2）快速定位和快速填充

在日常的工作中经常会看到一些重复项合并的 Excel 表格，如月份、地区等，主要是为了方便查看，如图 4-8 所示 A 列的销售区。但这样的工作表，没有办法使用数据透视表功能进行统计、汇总和分析等。

	A	B	C	D	E	F	G	H
1			XXX年XXX公司各区域销售情况表					
2	销售区	销售人员	商品名称	商品单价	销售数量	销售金额	目标数量	是否完成任务
3		周伯通	电脑	3688	332	1224416	320	完成任务
4		周伯通	冰箱	3284	162	532008	135	完成任务
5	北京市	洪七公	电脑	1985	265	526025	240	完成任务
6		洪七公	冰箱	2551	364	928564	340	完成任务
7		胡一刀	电脑	1985	267	529995	236	完成任务
8		胡一刀	冰箱	2551	364	928564	340	完成任务
9		令狐冲	电脑	3685	378	1392930	320	完成任务
10		令狐冲	冰箱	3096	282	873072	135	完成任务
11	上海市	王重阳	电脑	2035	269	547415	240	完成任务
12		王重阳	冰箱	2588	134	346792	340	未完成任务
13		丁春秋	电脑	2035	250	508750	240	完成任务
14		丁春秋	冰箱	2588	144	372672	340	未完成任务
15		左冷禅	电脑	2035	280	569800	240	完成任务
16		左冷禅	冰箱	2588	123	318324	340	未完成任务
17	广州市	任我行	电脑	2035	291	592185	240	完成任务
18		任我行	冰箱	2588	200	517600	340	未完成任务
19		苗人凤	电脑	2035	310	630850	240	完成任务
20		苗人凤	冰箱	2588	100	258800	340	未完成任务

图 4-8 重复项合并示例

对此，可以使用 Excel 的"定位"功能来实现快速填充，步骤如下。

步骤 1：选中 A 列，单击"合并后居中"按钮，取消单元格合并，结果如图 4-9 所示。

	A	B	C	D	E	F	G	H
1		司各区域销售情况表						
2	销售区	销售人员	商品名称	商品单价	销售数量	销售金额	目标数量	是否完成任务
3	北京市	周伯通	电脑	3688	332	1224416	320	完成任务
4		周伯通	冰箱	3284	162	532008	135	完成任务
5		洪七公	电脑	1985	265	526025	240	完成任务
6		洪七公	冰箱	2551	364	928564	340	完成任务
7		胡一刀	电脑	1985	267	529995	236	完成任务
8		胡一刀	冰箱	2551	364	928564	340	完成任务
9	上海市	令狐冲	电脑	3685	378	1392930	320	完成任务
10		令狐冲	冰箱	3096	282	873072	135	完成任务
11		王重阳	电脑	2035	269	547415	240	完成任务
12		王重阳	冰箱	2588	134	346792	340	未完成任务
13		丁春秋	电脑	2035	250	508750	240	完成任务
14		丁春秋	冰箱	2588	144	372672	340	未完成任务
15	广州市	左冷禅	电脑	2035	280	569800	240	完成任务
16		左冷禅	冰箱	2588	123	318324	340	未完成任务
17		任我行	电脑	2035	291	592185	240	完成任务
18		任我行	冰箱	2588	200	517600	340	未完成任务
19		苗人凤	电脑	2035	310	630850	240	完成任务
20		苗人凤	冰箱	2588	100	258800	340	未完成任务

图 4-9 取消单元格合并

步骤 2：选中 A 列，然后依次单击"查找和选择"→"定位条件"→

"空值"按钮（或按 Ctrl+G 快捷键弹出"定位"对话框，在对话框中单击"定位条件"按钮，如图 4-10 所示）。

步骤 3：在随后弹出的"定位条件"对话框中选中"空值"单选按钮，然后单击"确定"按钮，如图 4-11 所示。

图 4-10 "定位"对话框

图 4-11 "定位条件"对话框

步骤 4：在定位的空值单元格中输入"=A3"（根据实际情况输入），如图 4-12 所示。

	A	B	商品名称	商品单价	销售数量	销售金额	目标数量	是否完成任务
	销售区	销售人员	商品名称	商品单价	销售数量	销售金额	目标数量	是否完成任务
3	北京市	周伯通	电脑	3688	332	1224416	320	完成任务
4	=A3	周伯通	冰箱	3284	162	532008	135	完成任务
5		洪七公	电脑	1985	265	526025	240	完成任务
6		洪七公	冰箱	2551	364	928564	340	完成任务
7		胡一刀	电脑	1985	267	529995	236	完成任务
8		胡一刀	冰箱	2551	364	928564	340	完成任务
9	上海市	令狐冲	电脑	3685	378	1392930	320	完成任务
10		令狐冲	冰箱	3096	282	873072	135	完成任务
11		王重阳	电脑	2035	269	547415	240	完成任务
12		王重阳	冰箱	2588	134	346792	340	未完成任务
13		丁春秋	电脑	2035	250	508750	240	完成任务
14		丁春秋	冰箱	2588	144	372672	340	未完成任务
15	广州市	左冷禅	电脑	2035	280	569800	240	完成任务
16		左冷禅	冰箱	2588	123	318324	340	完成任务
17		任我行	电脑	2035	291	592185	240	完成任务
18		任我行	冰箱	2588	200	517600	340	未完成任务
19		苗人凤	电脑	2035	310	630850	240	完成任务
20		苗人凤	冰箱	2588	100	258800	340	未完成任务

图 4-12 输入定位条件

步骤 5：按 Ctrl+Enter 快捷键完成填充，结果如图 4-13 所示。

	A	B	商品名称	商品单价	销售数量	销售金额	目标数量	是否完成任务
2	销售区	销售人员	商品名称	商品单价	销售数量	销售金额	目标数量	是否完成任务
3	北京市	周伯通	电脑	3688	332	1224416	320	完成任务
4	北京市	周伯通	冰箱	3284	162	532008	135	完成任务
5	北京市	洪七公	电脑	1985	265	526025	240	完成任务
6	北京市	洪七公	冰箱	2551	364	928564	340	完成任务
7	北京市	胡一刀	电脑	1985	267	529995	236	完成任务
8	北京市	胡一刀	冰箱	2551	364	928564	340	完成任务
9	上海市	令狐冲	电脑	3685	378	1392930	320	完成任务
10	上海市	令狐冲	冰箱	3096	282	873072	135	完成任务
11	上海市	王重阳	电脑	2035	269	547415	240	完成任务
12	上海市	王重阳	冰箱	2588	134	346792	340	未完成任务
13	上海市	丁春秋	电脑	2035	250	508750	240	完成任务
14	上海市	丁春秋	冰箱	2588	144	372672	340	未完成任务
15	广州市	左冷禅	电脑	2035	280	569800	240	完成任务
16	广州市	左冷禅	冰箱	2588	123	318324	340	完成任务
17	广州市	任我行	电脑	2035	291	592185	240	完成任务
18	广州市	任我行	冰箱	2588	200	517600	340	未完成任务
19	广州市	苗人凤	电脑	2035	310	630850	240	完成任务
20	广州市	苗人凤	冰箱	2588	100	258800	340	未完成任务

图 4-13 完成定位填充

（3）Excel 中的数据类型和数据格式

在 Excel 中，数据类型只有 3 种，分别是文本型、数字型和逻辑型。所有单元格默认的类型为数字型；当输入内容是以单引号为先导符时为文本型，一般当单元格中的数据为文本型时，单元格的左上角会出现绿色的小三角型标记；逻辑型是指运算结果为 TRUE 或 FALSE 的二值型数据。3 种类型分别可以用函数 istext()、isnumber()和 islogical()进行判断。3 种数据类型的对应关系如图 4-14 所示。

图 4-14　Excel 的数据类型

数据格式是指 Excel 中各个数据类型的外在表现形式，同一数据类型有多种数据格式，在工具栏上单击"设置单元格格式"按钮（或在单元格中右击，在弹出的快捷菜单中选择选择"设置单元格"命令），出现设置数据格式对话框，如图 4-15 所示。

图 4-15　设置单元格格式

关于数据类型和数据格式的关系主要有以下几点。

① 所有单元格默认的类型为数字型，单元格格式的改变不会改变数据类型本身，但单元格格式会影响新生成数据的类型。

例如，在单元格 A2～A6 中输入数字 123，然后分别设置单元格格式为文本、货币、百分比、科学记数，单元格 A6 格式为默认，A7 单元格暂时不填数据，但设置单元格格式为文本，然后分别用 istext()、isnumber()函数进行类型判断，结果如图 4-16 所示，可以看到，除 A7

单元格外，数据类型均为数字型，即单元格格式的改变不会改变数据类型本身。

	A	B	C
1	数据	=istext()	=isnumber()
2	123	FALSE	TRUE
3	¥123.00	FALSE	TRUE
4	12300.00%	FALSE	TRUE
5	1.23E+02	FALSE	TRUE
6	123	FALSE	TRUE
7		FALSE	FALSE

图 4-16　改变单元格格式不会改变数据类型

然后，在单元格 A7 中输入 123，结果如图 4-17 所示，可以看到，数据类型显示为文本型，即单元格格式会影响新生成数据的类型。

	A	B	C
1	数据	=istext()	=isnumber()
2	123	FALSE	TRUE
3	¥123.00	FALSE	TRUE
4	12300.00%	FALSE	TRUE
5	1.23E+02	FALSE	TRUE
6	123	FALSE	TRUE
7	123	TRUE	FALSE

图 4-17　单元格格式会影响新生成数据的类型

② 以文本形式存储的数字，在参与四则运算时会转变成为数字，结果为数字型；在参与函数运算时会忽略不计，但运算结果仍为数字型。

例如，在单元格 B2 和 B3 中分别输入数字型数据 123 和 456，在单元格 C2 和 C3 中分别输入文本型数据 123 和 456，然后对行列分别执行相加和 SUM 函数求和运算，结果如图 4-18 所示，可以看到，文本型数字在用 SUM 函数进行求和时被忽略，但结果为数字型。

	A	B	C	D	E	F	G
1		数字型	文本型	=B2+C2	=sum(B2,C2)	=B3+C3	=sum(B3,C3)
2		123	123	246	123		
3		456	456			912	456
4	=B2+B3	579					
5	=sum(B2+B3)	579					
6	=C2+C3		579				
7	=sum(C2+C3)		0				

图 4-18　文本型数字的运算

以上是 Excel 数据清洗的常用操作介绍，使用数据分列功能是为了使数据的粒度变小；定位填充功能是为了将原始数据中存在的合并居中现象取消，并实现快速的数据填充，实例中仅使用了定位条件中的“空值”，日常工作中可以根据实际需要，选取其他的条件；正确理解 Excel 中数据类型和数据格式的区别和联系，有利于在实际的数据操作中避免错误。

2. Excel 数据清洗常用函数

Excel 的函数功能十分强大，同时也非常复杂，其中很多都可以直接用来进行初步的数据清洗操作，本节按照功能介绍 10 类函数，根据经验,这些函数在实际的数据清洗工作中使用频率较高,应用面也较广,使用这些函数可以让工作事半功倍。

（1）SUM 函数

SUM 函数用来承担数学的加法运算，其参数可以是单个数字或一组数字，因此它的加法运算功能十分强大。

使用一个单元格区域的语法结构为：

=SUM(A1:A12)

使用多个单元格区域的语法结构为：

=SUM(A1:A12,B1:B12)

（2）AVERAGE 函数

AVERAGE 函数是频繁使用的一个统计函数，用于计算数据集的平均值。其参数可以是数字，或者是单元格区域。

使用一个单元格区域的语法结构为：

=AVERAGE(A1:A12)

使用多个单元格区域的语法结构为：

=AVERAGE(A1:A12,B1:B12)

（3）COUNT 函数

COUNT 函数用于统计含有数字的单元格的个数。

注意：COUNT 函数不会将数字相加，而只是统计共有多少个数字。COUNT 函数的参数可以是单元格、单元格引用或者数字本身。

COUNT 函数会忽略非数字单元格的值。例如，如果 A1:A10 是 COUNT 函数的参数，但是其中只有两个单元格含有数字，那么 COUNT 函数返回的值是 2。

使用一个单元格区域的语法结构为：

=COUNT(A1:A12)

使用多个单元格区域的语法结构为：

=COUNT(A1:A12,B1:B12)

（4）INT 函数和 ROUND 函数

INT 函数和 ROUND 函数都是将一个数字的小数部分删除，两者的区别如下所示。

① INT 函数是无条件地将小数部分删除，无须进行四舍五入。该函数只有一个参数，语法结构为：

=INT(number)

例如：

=INT(12.05)的结果为 12；

=INT(12.95)的结果为 12。

需要注意的是，INT 函数总是向下舍去小数部分。例如，INT(-5.1)和 INT(-5.9)都是等于-6，而不是-5，因为-6 才是-5.1 和-5.9 向下舍入的数字。

② 相反的，ROUND 函数是将一个数字的小数部分四舍五入。该函数有两个参数，即需要计算的数字和需要四舍五入的小数位数，其语法结构为：

=ROUND(number,小数位数)

例如：

=ROUND(5.6284,3)的结果为 5.628；

=ROUND(5.6284,2)的结果为 5.63；

=ROUND(5.6284,1)的结果为 5.6；

=ROUND(5.6284,0)的结果为 6。

另外还有两个函数 ROUNDUP 和 ROUNDDOWN，可以规定是向上舍入还是向下舍入。

ROUNDUP 和 ROUNDDOWN 的语法结构与 ROUND 相似：

=ROUNDUP(number,小数位数)

=ROUNDDOWN(number,小数位数)

（5）IF 函数

IF 函数的主要用途是执行逻辑判断，根据逻辑表达式的真假，返回不同的结果，从而执行数值或公式的条件检测任务。

逻辑判断的结果是返回一个 TRUE 或 FALSE 的值，注意这里的 TRUE 或 FALSE 不是正确和错误的意思，而是逻辑上的真与假的意思。

IF 函数的语法结构为：

=IF(逻辑判断,为 TRUE 时的结果,为 FALSE 时的结果)

例如，给出的条件是 B25>C30，如果实际情况是 TRUE，那么 IF 函数就返回第二个参数的值；如果是 FALSE，则返回第三个参数的值。

IF 函数常常用来检查数据的逻辑错误，如使用二分法的多选题录入时，出现了 1 和 0 以外的数字，可以通过如下设置，过程如图 4-19 所示。

步骤 1：选中数值区域→格式→条件格式→公式。

步骤 2：输入公式，设置格式。

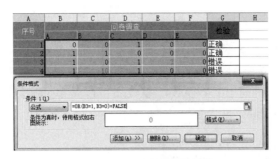

图 4-19　数据逻辑错误检查

（6）NOW 函数和 TODAY 函数

NOW 函数根据计算机现在的系统时间返回相应的日期和时间。TODAY 函数则只返回日期。NOW 函数和 TODAY 函数都没有参数。语法结构分别如下：

=NOW()

=TODAY()

TODAY 函数常用来计算过去到"今天"总共有多少天的计算上。

例如，项目到今天总共进行多少天了？

在一个单元格上输入开始日期，另一个单元格输入公式减去 TODAY 得到的日期，得出的数字就是项目进行的天数。

请注意可能需要更改单元格的格式，才能正确显示所需要的日期和时间格式。

（7）HLOOKUP 函数和 VLOOKUP 函数

HLOOKUP 函数和 VLOOKUP 函数都可以用来在表格中查找数据。所谓的表格是指用户预先定义的行和列区域。具体来说，HLOOKUP 返回的值与需要查找的值在同一列上，而 VLOOKUP 返回的值与需要查找的值在同一行上。两个函数的语法结构是：

=HLOOKUP(查找值,区域,第几行,匹配方式)

=VLOOKUP(查找值,区域,第几列,匹配方式)

这两个函数的第一个参数是需要查找的值，如果在表格中查找到这个值，则返回一个不同的值。

（8）ISNUMBER 函数、ISTEXT 函数和 ISLOGICAL 函数

这 3 个函数的功能都是判断 Excel 的数据类型。ISNUMBER 函数用来判断单元格中的值是否是数字，ISTEXT 函数用来判断单元格中的值是否是文本，ISLOGICAL 函数用来判断单元格中的值是 TRUE 或 FALSE，这 3 个函数的返回值均为 TRUE 或 FALSE。

语法结构分别是：

=ISNUMBER(value)

=ISTEXT(value)

=ISLOGICAL(value)

（9）MAX 函数和 MIN 函数

MAX 函数和 MIN 函数是在单元格区域中找到最大和最小的数值。两个函数可以拥有 30 个参数，参数还可以是单元格区域。两个函数的语法结构分别是：

=MAX(number1,[number2], …)

=MIN(number1,[number2], …)

使用一个单元格区域的语法结构为：

=MAX(A1:A12)

使用多个单元格区域的语法结构为：

=MAX(A1:A12, B1:B12)

（10）SUMIF 函数和 COUNTIF 函数

SUMIF 函数和 COUNTIF 函数分别根据条件汇总或计算单元格个数，Excel 的计算功能因此大大增强。

① SUMIF 函数有 3 个参数，其语法结构为：

=SUMIF(判断范围,判断要求,汇总的区域)

第一个参数可以与第三个参数不同，即实际需要汇总的区域可以不是应用判断要求的区域。第三个参数可以忽略，忽略的情况下，第一个参数应用条件判断的单元格区域就会用来作为需要求和的区域。

② COUNTIF 函数用来计算单元格区域内符合条件的单元格个数。COUNTIF 函数只有两个参数，其语法结构为：

=COUNTIF(单元格区域,计算的条件)

如果其中一个单元格的值符合条件，则不管单元格里面的值是多少，返回值是 1。利用这一特性可以进行重复数据的处理。

例如：对图 4-20 中的数据进行处理，分别找出重复值和非重复值。

	A	B	C
1	my memory	1	1
2	trados 插件　扩展功能	1	1
3	translate.com rainbow	1	1
4	google reader	1	1
5	网站localization works	1	1
6	软件本地化	1	1
7	UI manul 联机帮助	2	1
8	UI manul 联机帮助	2	2
9	chm文件?	1	1
10	一般用半角符号	1	1
11	Undo——撤销(U)	2	1
12	Undo——撤销(U)	2	2
13	ctrl shift E	2	1
14	ctrl shift E	2	2
15	图片——右击—update from file	2	1
16	图片——右击—update from file	2	2
17	ezParse--text based file ---txt	1	1

图 4-20　寻找重复值和非重复值

❑　B1=COUNTIF(A:A,A1)寻找重复值；

❑ C1=COUNTIF(A$1:A1,A1)筛选出所有非重复项（筛选出 1
即可）。

3．Excel 数据清洗操作的注意事项

对 Excel 的数据进行清洗应注意以下几点。

① 同一份数据清单中避免出现空行和空列。

② 数据清单中的数据尽可能细化，不要使用数据合并。

③ 构造单行表头结构的数据清单，不要有两行以上的复杂表头
结构。

④ 单元格的开头和末尾避免输入空格或其他控制符号。

⑤ 在一个工作表中要避免建立多个数据清单，每个工作表仅使用
一个数据清单。

⑥ 当工作表中有多个数据清单时，则数据清单之间应至少留出一
个空列和一个空行，以便于检测和选定数据清单。

⑦ 关键数据应置于数据清单的顶部或底部。

⑧ 对原始工作表做好备份，在执行完所有的清洗操作并确认无误
后再复制到原始表中。

4.1.2　Excel 数据清洗

现有一个企业招聘职位信息的数据集，约有 5000 条数据，客户提
出需要了解数据分析师岗位情况，包括岗位分布和特点、能力要求、工
资和薪酬等。由于数据集没有经过处理，所以表中的数据还很不规范，
含有大量数据重复、缺失、单列数据粒度过大等问题，因此，在进行数
据分析前，需要进行数据清洗操作，以使数据规范化。下面介绍执行数
据清洗的主要过程。

1．数据预览

拿到数据后，不要急着动手处理，先对数据集做总体的观察。如
图 4-21 所示，可以看到，数据集表头由城市、公司名称、公司编号、
公司福利、公司规模、经营区域、经营范围、教育程度、职位编号、职
位名称、薪水和工作年限要求等属性组成。

图 4-21　招聘信息数据集

数据整体较为规整,但通过初步观察,该数据集主要存在如下问题:

(1)数据缺失

数据集中公司福利、经营区域、职位名称等属性的数据存在缺失,如果缺失数据较多(超过 50%),会影响业务分析结果,有必要考虑删除该属性,本数据集中公司福利、经营区域对分析目标影响不大,职业名称缺失数据并不多,所以不需要做删除操作。

(2)数据不一致

数据集中公司名称存在不一致性,如"深圳市和讯华谷信息技术有限公司"和"深圳和讯华谷信息技术有限公司",仅差一个"市"字,公司代号一致,可以认定是同一家企业,但处理时机器和程序无法区分。另外,职位名称数据较为混乱,数据不一致性更加突出,如图 4-22 所示,有些岗位明确是数据分析师,其他如商业数据分析、数据分析专员等可以认为是同一岗位,但大数据工程师应是数据科学的另外发展方向,不能归纳到数据分析岗位下。这些问题在清洗时都要做仔细甄别,以免影响分析结果。

(3)存在"脏"数据

"脏"数据是指数据集中存在例如乱码、错位、重复、不匹配、加密等数据情况,会影响到分析的结果。如数据集的岗位编号是唯一标识,不应该出现重复,利用 Excel 的重复项删除操作,如图 4-23 所示,发现有 24 个重复值,删除后,将保留 4974 行(含表头)数据。

图 4-22　数据不一致

图 4-23　重复项删除

(4)数据不规范

数据集中公司福利数据由多项组成,如图 4-24 所示,就是前面所说的数据粒度过大,影响分析过程,需要进行转换和规整,使用分列操作将这类格式数据拆分开来。数据集中经营区域、经营范围、职位标签等属性的数据也有类似问题。

另外, 薪水属性是用几 k 到几 k 的范围表示, 如图 4-25 所示, 因为是文本类型, 无法直接计算, 因此, 需要将其按照最高薪水和最低薪水拆分成两列。

公司福利
['技能培训', '节日礼物', '年底双薪', '绩效奖金']
['五险一金', '免费班车', '绩效奖金', '年底双薪']
['专项奖金', '股票期权', '绩效奖金', '年终分红']
['年底双薪', '股票期权', '带薪年假', '定期体检']
['年底双薪', '节日礼物', '技能培训', '年度旅游']
['节日礼物', '年度旅游', '扁平管理', '帅哥多']
['技能培训', '带薪年假', '年度旅游', '岗位晋升']
['年底双薪', '五险一金', '弹性工作', '绩效奖金']
['专项奖金', '股票期权', '绩效奖金', '年终分红']
['股票期权', '带薪年假', '领导好', '美女多']
['股票期权', '美女如云', '绩效奖金', '扁平管理']
['五险一金', '年底双薪', '带薪年假', '弹性工作']
['绩效奖金', '五险一金', '带薪年假', '年度旅游']
['技能培训', '午餐补助', '扁平管理']
['五险一金', '通讯津贴', '带薪年假', '节日礼物']

图 4-24 数据粒度过大

职位编号	职位名称	薪水	工作年限要求
2221706	BI数据分析师	10k-20k	1-3年
2028702	数据工程师	6k-8k	应届毕业生
2483038	数据分析师（实习	5k-8k	1-3年
2421228	数据分析	15k-25k	1-3年
2159585	数据处理&分	15k-30k	不限
2313125	数据分析师	5k-10k	不限
2337148	行业分析师	7k-14k	不限
2481485	（大数据)BI分析实	3k-6k	不限
2521310	金融大数据分析师	9k以上	不限
2576049	数据分析专员	13k-26k	不限
1151725	数据工程师	6k-10k	不限

图 4-25 薪水数据不规范

2. 进行数据清洗

在 Excel 中新建一个工作表执行数据清洗, 方便和原始数据区分开来。

（1）清洗薪水数据

采用前面介绍的分列操作, 以 "-" 为分隔符号, 得到两列数据, 将属性修改为最低薪水和最高薪水, 结果如图 4-26 所示。

然后, 利用替换功能, 删除 k 字符串, 结果如图 4-27 所示。

薪水	工作年限要求	最低薪水	最高薪水
10k-20k	1-3年	10k	20k
6k-8k	应届毕业生	6k	8k
5k-8k	1-3年	5k	8k
15k-25k	1-3年	15k	25k
15k-30k	不限	15k	30k
5k-10k	不限	5k	10k
7k-14k	不限	7k	14k
3k-6k	不限	3k	6k
9k以上	不限	9k以上	

图 4-26 拆分薪水数据

薪水	工作年限要求	最低薪水	最高薪水
10k-20k	1-3年	10000	20000
6k-8k	应届毕业生	6000	8000
5k-8k	1-3年	5000	8000
15k-25k	1-3年	15000	25000
15k-30k	不限	15000	30000
5k-10k	不限	5000	10000
7k-14k	不限	7000	14000
3k-6k	不限	3000	6000
9k以上	不限	9000	

图 4-27 薪水数据清洗结果

（2）分列操作

公司福利、经营区域、经营范围、职位标签等属性的数据清洗操作与薪水数据的清洗类似, 都是分列操作对数据进行拆分。

（3）搜索替换不一致

公司名称的不一致的处理, 只需要用搜索替换法删除即可。职位名称的不一致性处理较为麻烦, 数据分析师的名称不统一, 还有很多非数据分析师职位, 可以单独针对职位名称进行数据透视表分析, 统计出各名称出现的频次, 具体操作如下。

步骤 1: 选中职位名称列, 在菜单栏中选择 "插入" → "数据透视表" 选项, 然后单击 "确定" 按钮, 在出现的数据透视表字段列表中,分别拖动职位名称到行标签和 Σ 数值中，结果如图 4-28 所示。出现次数为 3 次以下的职位名称，约有 2000 个，都是各种类别的称谓，逐个更新职位名称是不现实的，这里仍采用关键词查找的方法，找出包含有数据分析、分析师、数据运营等关键词的岗位。

图 4-28　对岗位名称的数据透视表分析

步骤 2：结合使用 FIND 和数组函数，得到多条件查找的结果。查找公式为：

=IF(COUNT(FIND({"数据分析","数据运营","分析师"}, J2)), "1","0")

结果如图 4-29 所示，1 为包含，0 不包含。将 1 过滤出来，就是需要的最终数据。

J	K
职位名称	
BI数据分析师	1
数据工程师	0
数据分析师（实习生）	1
数据分析	1
数据处理&分析开发工程师	0
数据分析师	1
行业分析师	1
（大数据）BI分析实习生	0
金融大数据分析师	1
数据分析专员	1
数据工程师	0
大数据实习生	0
大数据工程师	0
分析师	1
数据规划-上海	0
大数据工程师	0
数据专员（欢迎应届生）	0
大数据开发工程师（LTSY）	0
临床数据专家	0
数据分析师（实习生）	1
数据分析员	1
数据分析师 课程经理助理	1
大数据工程师	0
高级数据分析师	1
风险数据分析师（风险模型）	1
网站编辑/数据新闻编辑	0

图 4-29　多条件查找筛选需要的职位名称

经过以上步骤的处理，数据集中的重复值得到清理，公司名称、职位名称部分的命名做了规范化处理，薪水范围拆分成两列处理等，数据集得到一定程度的清洗。下一步可以按照统计结果按规范名称对职位名称进行替换，以得到统一职业名称列，按此方法可以对职位标签、经营范围等做相同的处理。

4.2 Kettle 简介及基本操作

大数据技术中，数据清洗的前期过程可简单地认为就是 ETL 的过程。ETL（Extract-Transform-Load）负责将分散的、异构数据源中的数据如关系数据、平面数据文件等抽取到临时中间层，进行清洗、转换、集成，最后加载到数据仓库或数据集市中，作为联机分析处理、数据挖掘提供决策支持的数据。在整个数据仓库的构建中，ETL 工作占整个工作的 50%～70%，是构建数据仓库的重要一环，用户从数据源抽取所需的数据，经过数据清洗，最终按照预先定义好的数据仓库模型，将数据加载到数据仓库中。本节介绍一款开源的 ETL 工具——Kettle。

4.2.1 Kettle 软件概述

1. Kettle 简介

Kettle 是一款国外的开源 ETL 工具，也是世界上最流行的开源商务智能软件 Pentaho 的主要组件之一，中文名称叫水壶，主要用于数据库间的数据迁移，商业名称 PDI，纯 Java 编写，可跨平台运行，主要作者为 Matt。2005 年 12 月，Kettle 成为开源软件。

Kettle 使用图形界面进行可视化的 ETL 过程设置操作，以命令行形式执行，支持非常广泛的数据库类型与文本格式输入和输出，支持定时和循环，实现了把各种数据放到一个壶中，并按用户的要求格式输出，具有可集成、可扩展、可复用、跨平台、高性能等优点，目前在国内外大数据项目上有广泛的应用。

Kettle 软件主要由 4 个组件组成：Spoon、Pan、Chef 和 Kitchen。

- ❑ Spoon 是一个图形化界面，用于设计 ETL 转换过程（Transformation）。
- ❑ Pan 批量运行由 Spoon 设计的 ETL 转换，是一个后台执行的程序，没有图形界面。
- ❑ Chef 用于创建任务（Job）。通过允许每个转换、任务、脚本等，进行自动化更新数据仓库的复杂工作。
- ❑ Kitchen 也是一个后台运行的程序，功能是批量使用由 Chef 设计的任务。

2. Kettle 软件下载和安装

Kettle 软件的下载地址为 http://sourceforge.net/projects/pentaho/files，为方便使用，建议下载稳定版本 4.4.0，即下载文件 Data Integration/4.40-syable/pdi-ce-4.4.0-stable.zip，本书主要介绍 Kettle 在 Windows 环

境下的安装、配置和使用。

由于软件基于 Java 环境运行，所以安装前先要配置 Java 运行环境，要注意 Kettle 版本和 Java 版本的匹配，这里需要安装的 Java 版本为 1.7.0_79。

解压下载的文件，在解压的文件夹里，可以看到 Kettle 的启动文件 Kettle.exe 或 Spoon.bat。双击运行，就可以看到 Kettle 的开始界面，显示软件相关版本信息与 GNU 相关协议说明，如图 4-30 所示。

图 4-30　Kettle 开始界面

3. Kettle 软件界面

显示开始界面后，Kettle 会弹出资源库连接（Repository Connection）对话框，可以输入特定资源库的用户名和密码完成登录，如图 4-31 所示。

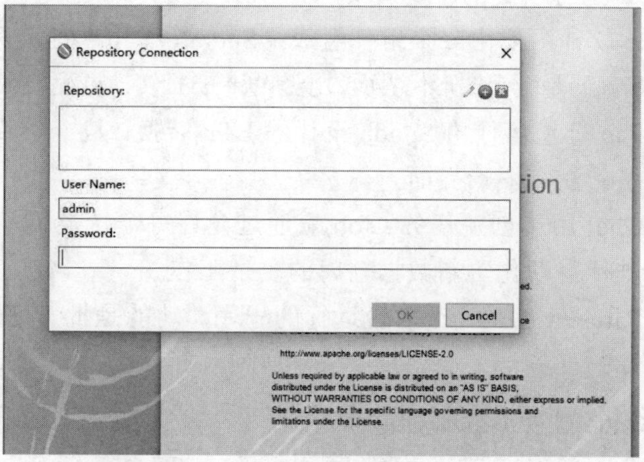

图 4-31　资源库连接对话框

登录时单击 Cancel 按钮即可进入 Kettle，此时所定义的转换和工作是以 XML 文件方式存储在本地磁盘上，以.ktr 和.kjb 作为后缀名。若使用资源库登录，则所有定义的转换和工作将会存储到资源库里，资源库即数据库，例如 SQL Server 数据库，里面存储了 Kettle 定义的元素的相关元数据库。资源库创建完毕，其相关信息将存储在 repositories.xml 文件中，它位于默认 home 目录的隐藏目录.kettle 中。如果是 Windows 系统，该路径为 C:\Documents and Settings\<username>\.kettle。

　　进入 Kettle 设计界面，弹出"Spoon 提示信息"对话框，直接单击"关闭"按钮，如图 4-32 所示。

图 4-32　Spoon 提示信息

Kettle 设计界面如图 4-33 所示，按数字标识顺序，各主要功能如下所示。

① Kettle 软件的菜单栏。

② Kettle 软件的快捷工具栏。

③ 透视图功能，包括数据集成、模型和可视化 3 个组件。

④ 在使用 Kettle 时所涉及使用到的对象。

⑤ Kettle 中所有的组件。

⑥ 根据选择②或者③显示相应的结果。

⑦ Kettle 设计界面。

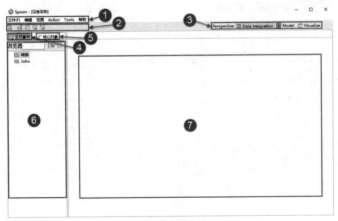

图 4-33　Kettle 设计界面

4.2.2 Kettle 基本操作

Kettle 的主要功能是用来转换或者抽取数据，即 ETL。Kettle 提供了资源库的方式来整合所有的工作，如图 4-34 所示为 Kettle 的概念模型。一个数据抽取过程主要包括创建一个作业，每个作业可以包括多个转换操作。转换主要是操作数据库，由编写和执行 SQL 语句、配置数据库地址等一系列步骤构成。一个完整的作业包括开始、作业、成功 3 个节点，针对作业进行编辑，选择作业所调用的转换，在转换中可以配置查询操作、更新操作或者插入操作等。上述操作均可使用软件中的工具执行，也可以通过编写程序调用的方式来实现。

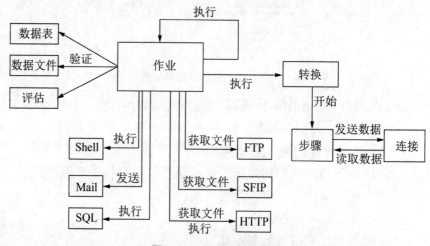

图 4-34　Kettle 概念模型

1. 转换（transformation）

转换主要是针对数据的各种处理，其本质是一组图形化的数据转换配置的逻辑结构，一个转换由若干个步骤（Steps）和连接（Hops）构成，转换文件的扩展名是.ktr。如图 4-35 所示的转换例子，是一个从文本文件中读取数据、过滤、排序，然后将数据加载到数据库的过程。

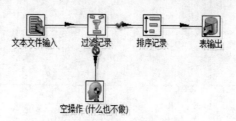

图 4-35　Kettle 转换实例

（1）步骤

转换的构建模块，如一个数据文件的输入或一个表的输出就是一个步骤。按不同的功能分类，Kettle 中的步骤主要有输入类、输出类和脚本类等。每种步骤用于完成某种特定的功能，通过配置一系列的步骤就可以完成相关的数据转换任务。

（2）连接

数据的通道，用于连接两个步骤，实现将元数据从一个步骤传递到另一个步骤。构成一个转换的所有步骤，并非按顺序执行，节点的连接只是决定了贯穿在步骤之间的数据流，步骤之间的顺序并不是转换执行的顺序。当执行一个转换时，每个步骤都以其自己的线程启动，并不断地接收和推送数据。

在一个转换中，所有的步骤是同步开启并运行的，所以步骤的初始化顺序是不可知的。因此我们不能在第一个步骤中设置一个变量，并试图在后续的步骤中使用它。一个步骤可以有多个连接，数据流可以从一个步骤流到多个步骤。

实例：创建一个转换。

步骤 1：在 Kettle 主界面上，在菜单中选择"文件"→"新建"→"转换"命令，创建一个转换，名称默认为"转换 1"，如图 4-36 所示，在保存时可以修改名称和选择保存路径。

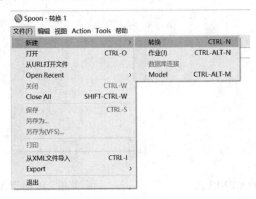

图 4-36　创建转换

步骤 2：选择"输入"，如图 4-37 所示，输入类型很多，其中最常用的是"表输入""文本文件输入""Excel 输入"，直接将需要的输入拖曳到右侧的转换设计界面中。

步骤 3：选择输出，如图 4-38 所示，常用的输出有"插入/更新"、"文本文件输出"、"表输出"和 Microsoft Excel Output，同样直接将选择的输出拖曳到右侧的转换界面中。

图 4-37　Kettle 输入选项

步骤 4：建立节点连接（Hops），如图 4-39 所示。可以同时按住 Shift 和鼠标左键在图形界面上拖曳，也可以同时选中需要建立连接的两个步骤并右击，在弹出的快捷菜单中选择"新建节点连接"命令，单击"确定"按钮即可。

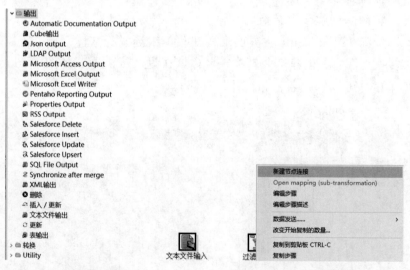

图 4-38　Kettle 输出选项　　　　图 4-39　建立节点连接

2. 作业（Jobs）

作业是比转换更高一级的处理流程，基于工作流模型协调数据源、执行过程和相关依赖性的 ETL 活动，实现了功能性和实体过程的聚合，作业由作业节点连接、作业项（Job Entry）和作业设置组成，作业文件的扩展名是.kjb。

一个作业中展示的任务有从 FTP 获取文件、核查一个数据库表是否存在、执行一个转换、发送邮件通知一个转换中的错误等，最终的结果可能是数据仓库的更新等。

实例： 创建一个从 FTP 中获取文件，执行一个转换的作业。

步骤 1： 在 Kettle 主界面上，在菜单中选择"文件"→"新建"→"作业"命令，创建一个作业，如图 4-40 所示。

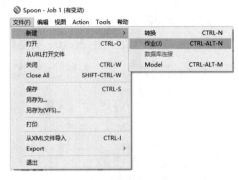

图 4-40　创建作业

步骤 2： 在创建的作业界面中，如图 4-41 所示，左侧"核心对象"标签中显示了所有的作业列表，分别有通用、邮件、条件、脚本等模块。常用的输入控件有：START（任务的开始点）、Transformation（调用转换控件）、Job（调用 Job 控件）、Success（执行结束控件）、Mail（发送邮件控件）、Evaluate rows number in a table、Simple evaluation、JavaScript（执行 js 脚本）、Shell（执行 shell 脚本）、SQL（执行 sql 脚本）等，直接将需要的输入拖曳到右侧的作业设计界面中。创建成功后单击工具栏上的绿色箭头或按 F9 键即可执行该作业。

步骤 3： 分别在通用模块中选择 START、Transformation 和 Success 图标，在文件传输模块中选择 FTP 图标，拖曳至右侧的作业设计界面中。最后，如前面步骤 4 所述建立节点连接（Hops）。最终效果如图 4-42 所示，创建完成一个从 FTP 获取文件，执行转换的作业。

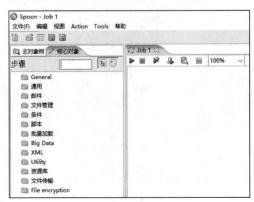

图 4-41　Kettle 作业选项

图 4-42　Kettle 作业实例

4.2.3　Kettle 数据清洗实例操作

　　现有一个关于银华基金的基金名称和基金代码信息的数据集，如图 4-43 所示。由于原始数据是通过网络爬虫抓取获得的，所以数据集存在数据错误和重复的问题；另外，抓取的基金名称是字符串型数据，有可能会出现字符编码的乱码或者字符串后有换行符等问题，所以需要对该数据集做清洗操作，本节介绍利用 Kettle 实现数据清洗的过程。

基金名称	基金代码	更新日期	单位净值	累计净值	最近一周	最近一月	最近三月	最近一年	今年以来	成立以来回报率	交易
银华优势企业混合	180001	05-26	1.2312	3.0883	—	—	—	—	—	—	🛒
银华保本增值混合	180002	05-26	1.0002	1.0006	—	—	—	—	—	—	🛒
银华-道琼斯88指数	180003	05-26	1.0318	2.8368	—	—	—	—	—	—	🛒
银华价值优选混合	519001	05-26	1.9479	6.5168	—	—	—	—	—	—	🛒
银华优质增长混合	180010	05-26	1.4003	3.8389	—	—	—	—	—	—	🛒
银华富裕主题混合	180012	05-26	2.1422	3.0952	—	—	—	—	—	—	🛒
银华全球优选(QDII-FOF)	193001	05-25	1.064	1.064	—	—	—	—	—	—	🛒
银华领先策略混合	180013	05-26	1.4010	2.4870	—	—	—	—	—	—	🛒
银华增强收益债券	180015	05-26	1.150	1.608	—	—	—	—	—	—	🛒
银华和谐主题混合	180018	05-26	1.897	1.977	—	—	—	—	—	—	🛒
银华内需精选混合（LOF）	161810	05-26	1.522	1.447	—	—	—	—	—	—	🛒
银华锐进	150019	05-26	0.814	0.814	—	—	—	—	—	—	
银华深证100等指数分级	161812	05-26	0.916	1.107	—	—	—	—	—	—	🛒
银华稳进	150018	05-26	1.019	1.396	—	—	—	—	—	—	

图 4-43　原始数据集

　　① 启动 Kettle 软件，新建一个转换并保存，如图 4-44 所示。

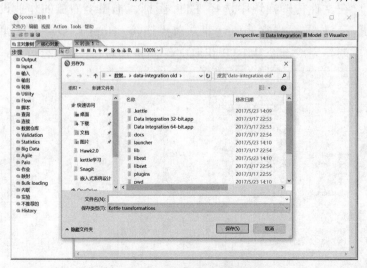

图 4-44　新建一个转换并保存

② 从左侧"输入"列表中选择 Data Grid（行静态数据网格）并拖放到转换设计区，双击打开设置窗口，引用要读取数据的网址，如图 4-45 和图 4-46 所示。

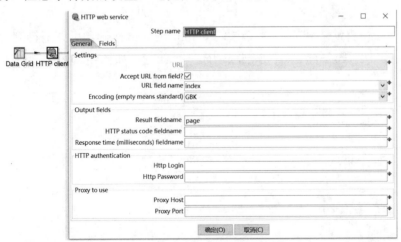

图 4-45　设置读取网址 1

图 4-46　设置读取网址 2

③ 再拖入一个 Http client，通过 HTTP 调用 Web 服务，如图 4-47 所示。选择 Accept URL from field 选项，并选择 index 作为 URL 的来源字段。注意字符集的设置，避免后面获取的接口数据出现乱码。

图 4-47　获取网页源代码

再从"脚本"列表中拖入 Modified Java Script Value，用于脚本值的改进，并改善界面和性能。在 Java Script 里写入正则表达式对通过 Http client 组件得来的源代码进行解析，如图 4-48 和图 4-49 所示。

图 4-48 Java script 代码编辑窗口

图 4-49 解析代码

④ 再从"转换"列表中拖入 Split field to rows，用分隔符分隔单个字符串字段，并为每个分割项创建一个新行，如图 4-50 和图 4-51 所示。

图 4-50 分割字符 1

图 4-51 分割字符 2

⑤ 继续拖入"查询"列表中的"流查询",从转换中的其他流里查询值并将其放入"简称"这个字段里,如图 4-52 所示。

图 4-52 流查询设置

⑥ 再拖入 Flow 列表中的"过滤记录",定制过滤条件,用相等或者不相等的判断表达式来过滤数据,如图 4-53 所示。

图 4-53 过滤记录设置

⑦ 最后拖入"输出"列表中的 Microsoft Excel Writer,使用 Excel 组件中的 Microsoft Excel Writer 组件将数据写入 Excel,如图 4-54 所示。

图 4-54 数据写入 Excel 设置

完成以上步骤之后,在菜单栏中选择 Action→"运行"命令即可,运行结果如图 4-55 所示。

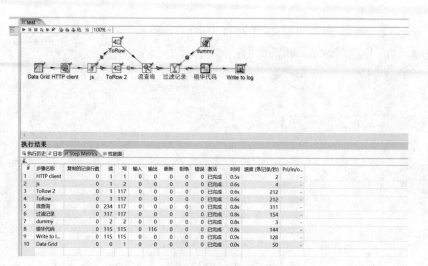

图 4-55　数据清洗处理设置完成图

可以看到，在执行结果中显示了执行的步骤名称、读写次数、处理条目、处理时间和处理速度等信息。

最终清洗处理后的数据集如图 4-56 所示。

A	B	C
代码	简称	rownum0
'180001	银华优势企业混合	2
'180002	银华保本增值混合	3
'180003	银华-道琼斯88指数	4
'519001	银华价值优选混合	5
'180010	银华优质增长混合	6
'180012	银华富裕主题混合	7
'183001	银华全球优选(QDII-FOF)	8
'180013	银华领先策略混合	9
'180015	银华增强收益债券	10
'180018	银华和谐主题混合	11
'161810	银华内需精选混合（LOF）	12
'150019	银华锐进	13
'161812	银华深证100指数分级	14
'150018	银华稳进	15
'161813	银华信用债券（LOF）	16
'180020	银华成长先锋混合	17
'180025	银华信用双利债券A	18
'180026	银华信用双利债券C	19
'161815	银华抗通胀主题(QDII-FOF-LOF)	20
'161816	银华中证等权90指数分级	21
'150030	中证90A	22
'150031	中证90B	23
'180028	银华永祥保本混合	24
'150047	消费A	25
'150048	消费B	26
'161818	银华消费分级混合	27
'150059	YH资源A	28
'150060	YH资源B	29
'161819	银华中证内地资源指数分级	30

图 4-56　清洗处理后的数据集

4.3　OpenRefine 简介及基本操作

本节将介绍如何使用另一款开源的网络应用——OpenRefine 工具，对原始数据进行获取、清洗、标准化和转换，从而获得标准形式数据。

4.3.1　OpenRefine 软件概述

1. OpenRefine 简介

OpenRefine 最初叫作 Freebase Gridworks，由一家名为 Metaweb 的公司开发，主要用于调试各种表格，以避免随着时间的推移出现错误，这对于任何数据库来说都是一个很大的问题。后来，该软件被谷歌收购，更名为 Google Refine，并发布了第 2 版。2012 年 10 月，Google Refine 被社区接管，并以 OpenRefine 为名进行了开源。

OpenRefine 是典型的交互数据转换工具（Interactive Data Transformation tools，IDTs），可以观察和操纵数据，使用单个的集成接口，对大数据进行快速、高效的操作。它类似于传统的表格处理软件 Excel，但是工作方式更像是数据库，以列和字段的方式工作，而不是以单元格的方式工作。

OpenRefine 的主要功能有以下几种：

❑ 多种格式的数据源文件支持，如 JSON、XML、Excel 等，除此之外，还可以通过插件的方式为 OpenRefine 添加更多格式的数据源的支持。

❑ 数据的探索与修正。OpenRefine 支持对数据的排序、分类浏览、查重、文本数据过滤等操作。还支持对单个列中的数据进行分割、将多个列的数据通过某种规则合并、对相似的数据进行聚类、基于已有数据生成新的数据列、行列转换等，而且这些操作都非常简单快捷。

❑ 关联其他数据源。数据是相互联系的，OpenRefine 支持将自己的数据与其他数据源进行关联，如将人员数据与 Facebook 数据进行关联。通过插件的方式，能够实现各种数据之间的关联。

2. OpenRefine 软件下载和安装

OpenRefine 基于 Java 环境运行，因此是跨平台的。OpenRefine 2.6 版是它改名以来的第一个发行版本，目前最新版本为 2.7。本书将采用 Google Refine 2.5 版本进行介绍，所有 OpenRefine 的具体介绍和操作均是指 Google Refine 2.5。

最新版 OpenRefine 的下载地址为 http://openrefine.org/。

Google Refine 2.5 版的下载地址为 https://github.com/OpenRefine/OpenRefine/releases/download/2.5/google-refine-2.5-r2407.zip。

OpenRefine 在 Windows 环境下的安装步骤如下。

① 安装和配置好 Java 运行环境。

②　从上述 Google Refine 2.5 版下载地址下载 zip 包。

③　解压到某个目录。

④　双击 google-refine.exe 文件，启动 OpenRefine，如图 4-57 所示。

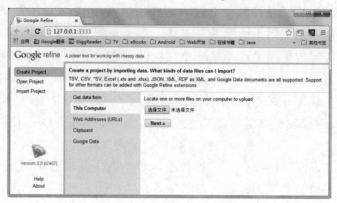

图 4-57　OpenRefine 主界面

4.3.2　OpenRefine 基本操作

创建 OpenRefine 项目十分简单，只需要选择文件、预览数据内容、确认创建 3 个步骤。通过单击"创建项目"标签页、选择数据集、单击"下一步"按钮来创建新项目。

在 OpenRefine 中加载数据后，将显示如图 4-58 所示的界面内容。

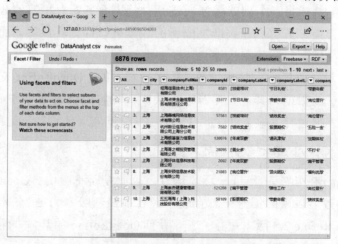

图 4-58　OpenRefine 数据界面

在界面中，主要显示了数据集的总行数、显示选项、数据列名称和菜单、数据内容等信息。在开始剖析清理数据前，十分重要的一点是确保 OpenRefine 较好地载入并显示了数据：查看列名称是否被解析正确（数据显示较宽时请使用水平滑动条）、单元格类型是否正确等。默认情况下，显示的数据数目为 10 条，可以单击 Show 选项中的数值改变显示条目数量，最大值为 50。下面继续介绍几种 OpenRefine 数据清洗的常用操作。

1. 排序（Sort）操作

排序是观察数据的常用手段，因为排过序的数据更加容易理解和易于分析，在 OpenRefine 相关列名的下拉菜单中选择 Sort，如图 4-59 所示，将打开排序操作窗口，如图 4-60 所示。

图 4-59　选择"排序"操作　　　　图 4-60　排序对话框

单元格值可以按照文本（区别大小写或者不区别）、数字、日期、布尔值排序，对每个类别有两种不同的排序方式：

- ❑ Text（文本）：a～z 排序或者 z～a 排序。
- ❑ Numbers（数字）：升序或者降序。
- ❑ Dates（日期）：升序或者降序。
- ❑ Booleans（布尔值）：FALSE 值先于 TRUE 值或 TRUE 值先于 FALSE 值。

还可以对错误值和空值指定排序顺序，比如错误值可以排在最前面（这样容易发现问题），空值排在最后（因为空值一般没有意义），而有效值居中。

2. 透视（Facet）操作

透视操作是 OpenRefine 的主要工作方式之一，用于多方面查看数据集的变化范围，实现对数据的透视分类操作，包括文字、数字、时间线、散点图等多个选项，并支持用户自定义操作。透视操作并不改变数据，但由此可以获得数据集的有用信息，如图 4-61 所示。

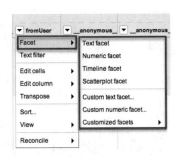

图 4-61　Facet 操作选项

❑ 文本透视（Text facet）：同电子表格的过滤功能非常相似，将特定文本的值进行分组归类。

❑ 数字透视（Numeric facet）：用于查看一列数据值的分布范围。

❑ 时间线透视（Timeline facet）：使用时间轴来查看列内容的分布情况。

❑ 散点图透视（Scatterplot facet）：用于数据列之间数值的相关性分析。

3. 聚类（Cluster）操作

在 OpenRefine 中通过对数据集中相似的值进行聚类分析，便于找出一些如拼写有微小错误的"脏"数据。OpenRefine 提供两种不同的聚类模式，即 key collision 和 nearest neighbor，这两种模式的原理不同。对于 key collision，使用键函数来影射某个键值，相同的聚类有相同的键值。比如，如果有一个移除空格功能的键函数，那么"A B C""AB C""ABC"就会有相同的键值：ABC。事实上，键函数在构建上更加复杂和高效。

而 nearest neighbor 使用的技术是，值与值之间使用 distance function 来衡量。比如，如果将每一次修改称为一个变化，那么 Boot 和 Bots 的变化数是 2：一次增加和一次修改。对于 OpenRefine 来说，其使用的 distance function 称为 levenshtein。

在实际应用中，很难确定究竟哪种模式和方法组合最好。因此，最好的方法是尝试不同的组合，每次都需要小心地确认聚类项是否真的可以合并。OpenRefine 能够帮助我们进行有效组合：比如，先尝试 key collision，然后尝试 nearest neighbor。

可以通过单击待操作列名的下拉菜单，选择 Edit cells→Cluster and edit 命令，如图 4-62 所示。

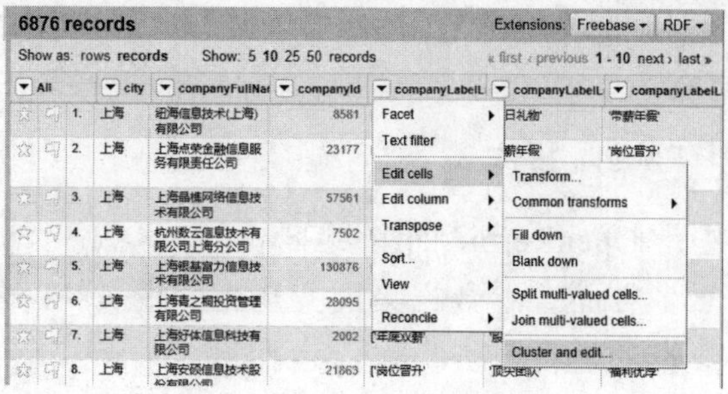

图 4-62　选择聚类操作

OpenRefine 会打开聚类操作对话框，如图 4-63 所示，这里可以选择不同的聚类方法，每种方法都提供了很多相似的功能。

图 4-63 聚类操作对话框

4.3.3 OpenRefine 数据清洗实例操作

本节仍以企业招聘职位信息数据集的清洗为例，介绍在 OpenRefine 中的实现过程。

进入 OpenRefine 界面后，首先添加需要清洗的数据集，如图 4-64 所示，选择 Create Project 中的 This Computer，单击 Next 按钮进入下一步。

图 4-64 OpenRefine 初始界面

将数据添加后进入如图 4-65 所示的界面，可以看到有两处阴影部分，点击这两处的选项来改变数据的显示方式，接着单击 Create Project 按钮即可进入数据清洗界面。

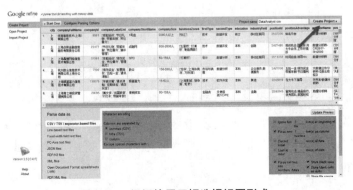

图 4-65 根据使用习惯选择视图形式

1. 更清晰地显示数据

Text facet（文本透视）是 OpenRefine 的核心功能之一，在招聘信息数据集中包含的城市或者国家等名称的列，若想大致了解这个字段都有哪些值和这些值的统计次数有多少，那么就可以使用文本透视功能。在 Categories 列菜单中选择 Facet→Text facet 命令，结果会出现在屏幕左侧的 Facet/Filter 页中，如图 4-66 所示。

现在就可以在屏幕左侧的 Facet/Filter 页面中清楚地看到各个公司福利的归类，在每组的右下角还显示了这些数据的行数，如图 4-67 所示。

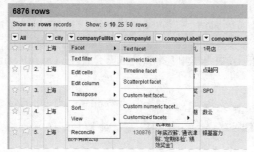

图 4-66　文本透视　　　　　　　图 4-67　Facet/Filter 页面

还可以很方便地查到有哪些公司具备了这样的福利，比如 ['家属免费团建','股票期权','10 天年假','带薪出境游'] 这一组福利。单击选择这一组，就过滤了整个数据表，从而只显示 6876 行中需要的一行内容，如图 4-68 所示。

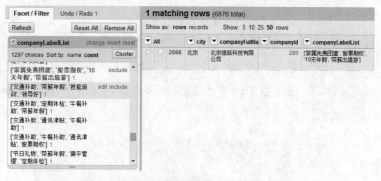

图 4-68　根据需要的内容筛选显示

2. 修改错误的数据

当发现某个数据内容出现错误时，可以单击 Edit（编辑）进行修改。例如，发现"年终分红"是一个错误的数据，可以单击 Edit 按钮，如图 4-69 所示。

此时，系统会弹出该组数据的修改框，在修改框内将"年终分红"修改成正确的数据（如定期体检），修改完成后单击 Apply 按钮即可保存，如图 4-70 所示，此操作能够将该组内所有单元格都进行查找和替换处理。

图 4-69 对组进行编辑　　　　图 4-70 修改错误数据

除此以外，还可以通过 Edit（编辑）将相似两组的内容进行合并，如图 4-71 所示。

图 4-71 中线框内两处公司福利相近，选择其中一组，单击 Edit（编辑）按钮，将两组名称改为一致，则两组将自动合并为一组，合并结果如图 4-72 所示。

图 4-71 相似福利组　　　　图 4-72 合并相似组

3．根据用户使用习惯改变列表

默认情况下，所有的列在 OpenRefine 中都是展开的，大多数情况下显得数据过于繁杂。如果想暂时隐藏一列或几列以方便观察，可以单击该列弹出下拉菜单，选择 View 命令，在其下有 4 个选项：Collapse this column（隐藏这一列）、Collapse all other columns（隐藏除该列外的所有列）、Collapse all columns to left（隐藏该列左边的所有列），Collapse all columns to right（隐藏该列右边的所有列），如图 4-73 所示。

当觉得城市这一列暂时用不到时，单击这一列选择 View→Collapse this column 命令，此时，city（城市）这一列已经被隐藏，当需要再次使用时，只要单击该列表，就可以再次展开，如图 4-74 所示。

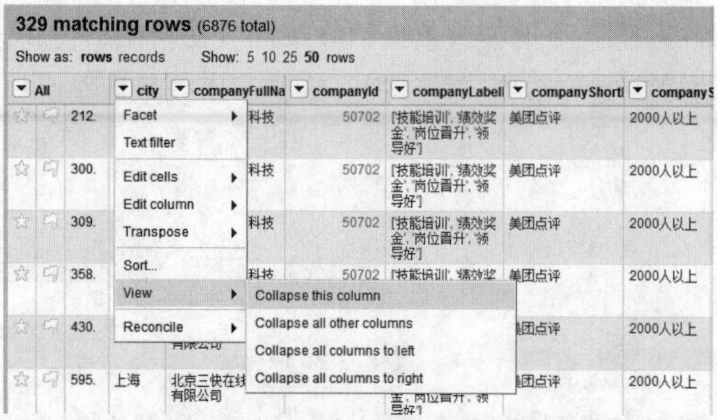

图 4-73　列表显示选项

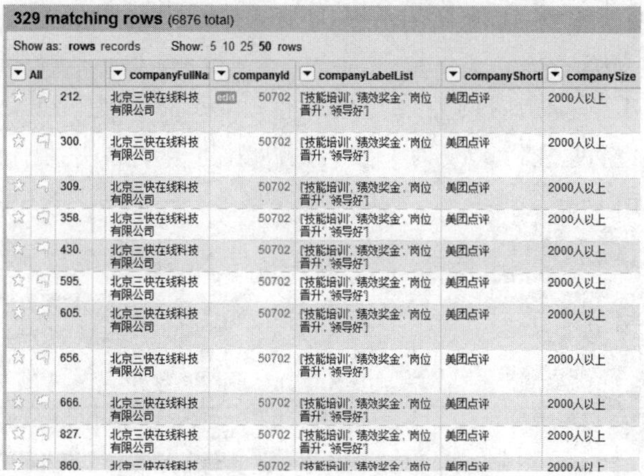

图 4-74　city 一列已被隐藏

除此以外，还可以使用其他操作方式对列表进行修改，如图 4-75 所示，包括以下操作：Move column to beginning（移动该列到开头）、Move column to end（移动该列到结尾）、Move column to left（向左移动该列）和 Move column to right（向右移动该列）。

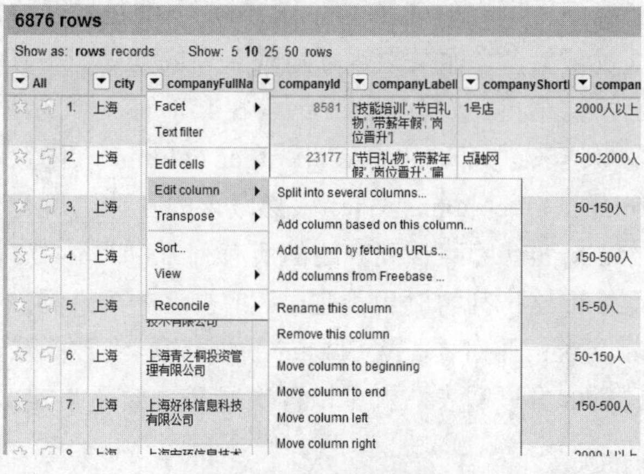

图 4-75　列表功能展示

如果需要对所有列操作，可以使用第一列名称为 All 的列，这一列可以同时操作多列。View 菜单可以快速地隐藏和展开列。选择 Edit columns→Re-order / remove columns 命令，如图 4-75 所示，可以通过拖动重新对列进行排列，还可以将列拖动到右侧来删除该列，在 Edit column 菜单中，还有 Rename this column（重命名列）和 Remove this column（删除列）命令。

4. 删除数据集中的重复数据

在左侧的 Facet/Filter 页面中使用排序重新排列组后，可以发现最大的组包含 300 多行，点开后里面几乎都是重复的数据，因此需要删除这些无用的重复数据，如图 4-76 所示。

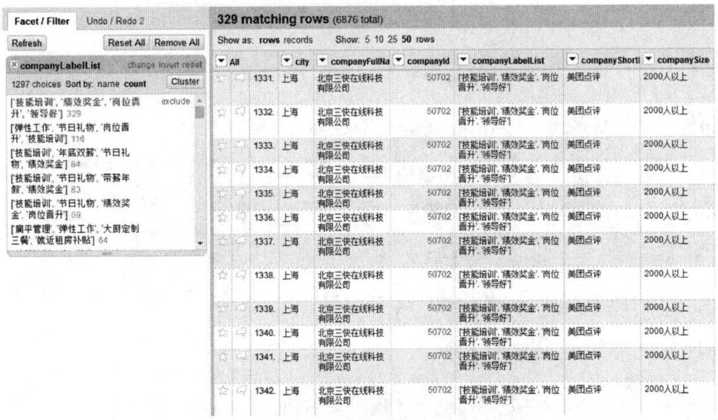

图 4-76　同一组内多行重复数据

首先，试着对列进行重复项透视，选择列下拉菜单中的 Facet→Customized facets→Duplicates facet 命令，如图 4-77 所示。

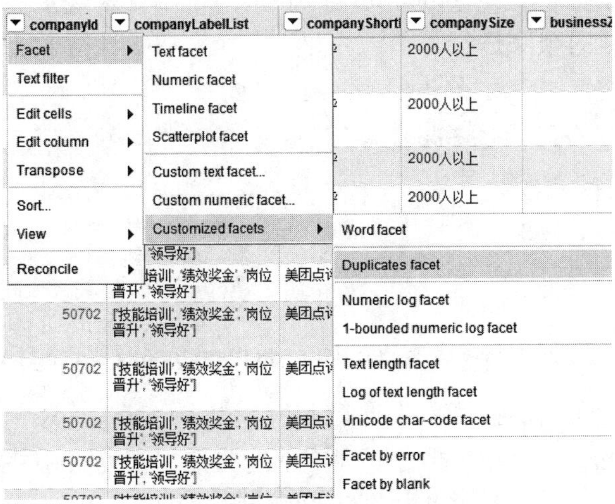

图 4-77　执行筛选重复项操作

筛选结果会在左侧完全显示，其中 1085 行被标注为重复项，单击筛选结果中的 true 选项显示这批数据，如图 4-78 所示。

然后，向下滚动鼠标查看这些重复项，可以发现一个问题：重复项中包含空白行，它们确实完全一样，但是和有效行的重复是完全不同的。为了剔除这 118 行空白行，需要再对 Registration Number 列做一次空值透视，在列下拉菜单中选择 Facet→Customized facets→Facet by blank 命令，发现重复的 1085 行只有 331 行是真正有效的，如图 4-79 所示。

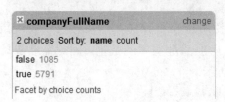

图 4-78　筛选结果

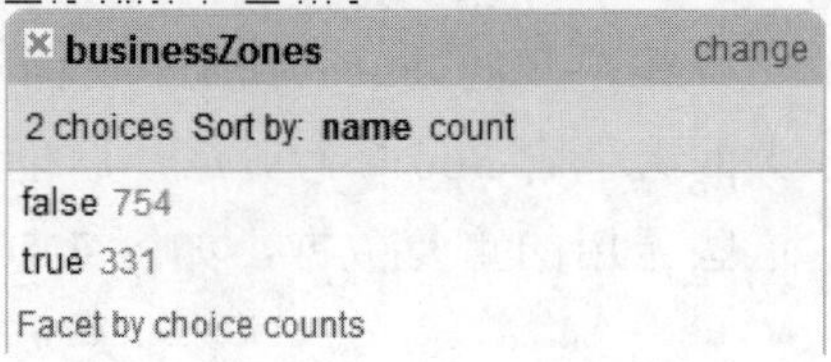

图 4-79　二次筛选结果

现在处理重复行，重复行处理起来相对麻烦一些，如果直接删除这些行，那么不光重复项会被删除，那个唯一的值同时也会被删除。换句话说，如果某行出现了两次，那么删除匹配行就会把两条都删除而不是仅仅删除重复的一条。

要做到既去除多余重复项，同时还能够保留有用的一项，可以通过选择列下拉菜单中的 Sort 进行排序，选中 text 和 a-z 选项，如图 4-80 所示。

图 4-80　选择排序的规则

然后选择 Sort→Reorder rows permanently 命令来固定排序。因为排序只是对数据的顺序进行了修改，并没有在实质上改变数据，所以不能计入可撤销的范围，如图 4-81 所示。

图 4-81　选择 Reorder rows permanently 固定排序

最后，在列下拉菜单中选择 Edit cells→Blank down 命令将多余的重复项使用空白填充。此时一列中重复的数据都变成空格，留下的数据将不会出现重复的现象，如图 4-82 所示。

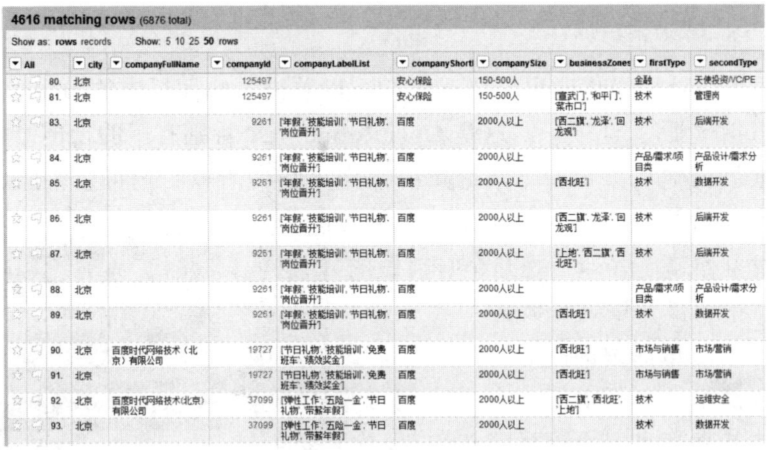

图 4-82　空白填充

此时单击 All 栏的下拉按钮，在下拉菜单中选择 Edit rows→
Remove all match rows（删除所有匹配项）命令，就可以删除所有被筛
选出来的空格行，如图 4-83 所示。

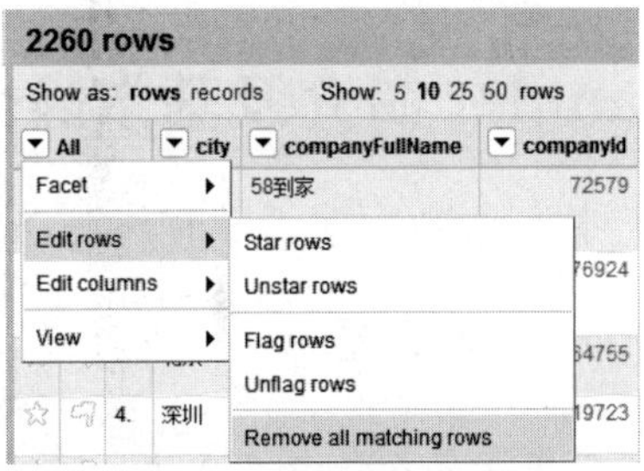

图 4-83　删除所有匹配项

现在数据集中只剩下 2260 条数据，其余的重复项已经被全部删除，
如图 4-84 所示。

图 4-84　删除重复项

5. 撤销错误操作

当在处理操作时出现错误时，可以单击左侧面板中的 Undo / Redo（撤销/返回）选项卡，这是 OpenRefine 一个特别有用的功能，它可以在项目创建后跟踪并记录用户的操作步骤。所以用户可以大胆尝试使用，随意按照自己的想法变换数据，因为一旦发觉做错了（即使是几个月前做的），也可以撤销该操作以恢复数据。

单击想保留的最近一个操作，比如，当想取消第 3 步及以后的操作，可以单击第 2 步使其高亮显示，这样第 3～5 步就会变灰，这意味着选中项后的操作都将取消。如果单击第 0 步，那么所有操作都将取消。单击第 4 步，那么第 3 和第 4 步的操作将被执行，而第 5 步将取消，如图 4-85 所示。

图 4-85　操作撤销/返回界面

🔺 4.4　DataWrangler 简介及基本操作

本节将介绍另一款开源数据清洗软件——DataWrangler。

4.4.1　DataWrangler 软件概述

DataWrangler（中文译名：牧马人）是一款由斯坦福大学开发的在线数据清洗、数据重组软件，如图 4-86 所示，主要用于去除无效数据，将数据整理成用户需要的格式等。使用 DataWrangler 能节约用户花在数据整理上的时间，从而使其有更多的精力用于数据分析。

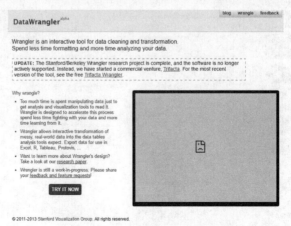

图 4-86　DataWrangler 网址入口

DataWrangler 的操作极为简便，通过简单的单击就能完成一系列的数据整理。与传统的数据处理软件相比，其独特的智能分析和建议功能，极大方便了用户的数据处理操作。

同时，DataWrangler 是一款在线工具，这为用户省去了安装软件的烦琐过程，也使用户摆脱了操作系统对软件使用的限制。这个基于网络的服务是通过斯坦福大学的可视化组设计来清洗和重排数据的，因此，它的格式适用于电子表格等应用程序。单击一行或一列，DataWrangler 会提出修改的建议。例如，单击了一行空行，就会弹出"删除行"或"删除空行"等建议。同时，DataWrangler 有历史记录功能，可以很容易地实现撤销功能。

DataWrangler 虽然操作非常方便，但也存在一定的缺点。DataWrangler 的选项有时会发生一些预料之外的变化，这时不得不单击"清空"按钮进行重设；有的建议是没用的（当某行是空行的时候）；还有的建议很难理解。

DataWrangler 是基于网络的服务，非常方便使用，但代价是必须把数据上传到外部网站。也就是说，对于敏感的内部数据，DataWrangler 就不是合适的选择了。不过，未来可能会推出独立的桌面版本，届时就可以不上传数据，直接在本地使用了。

4.4.2 DataWrangler 基本操作

在浏览器的地址栏中输入 DataWrangler 的地址：http://vis.stanford.edu/wranglr/，进入 DataWrangler 的主页面，单击 TRY IT NOW 按钮进入 DataWrangler 获取输入数据的界面，如图 4-87 所示。

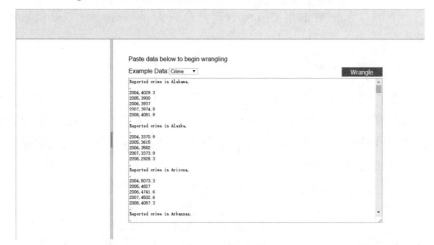

图 4-87　DataWrangler 的数据输入界面

界面中提供了 Crime、Labor、Migration 三个示例数据集，要处理自己的数据，只要将需要清洗的数据集直接粘贴到数据输入区域即可。单击右上方的 Wrangle 按钮，即进入数据处理界面，开始数据的整理和修复，数据处理主界面如图 4-88 所示。

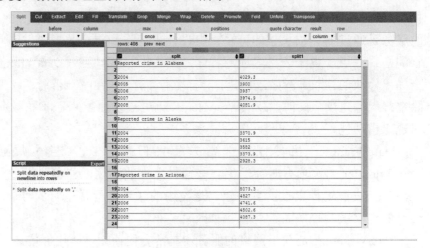

图 4-88　数据处理主界面

数据处理界面上方为数据操作命令菜单，菜单下方为参数设置栏，其内容随所选择命令的不同而变化。左侧的面板包括一个根据当前选中数据给出的数据修改建议列表和一个数据操作历史记录列表。单击修改建议列表中的粗体部分，就可以执行该条修改建议。界面的右侧是包含具体数据的数据表。

4.4.3　DataWrangler 数据清洗实例操作

下面以示例数据集 Crime 为例，介绍 DataWrangler 主要数据清洗操作。

1. 去除无效数据

单击无效数据的行号，这一行会变成红色高亮状态，可以按住 Ctrl 键选择多行数据，同时左侧的建议栏会给出一系列的修改建议。单击合适的修改建议后，该修改操作将被执行。如图 4-89 所示为删除空行操作，单击选择 Delete empty rows 选项后，所有空白行将被删除。

2. 提取部分数据

在需要提取部分数据作为单独一列时，首先选中欲提取的数据，此时 DataWrangler 会自动分析用户的意图，并提取出相应数据。如果用户进行二次选取，则会对选取意图进行修正，以提取用户真正需要的数据。

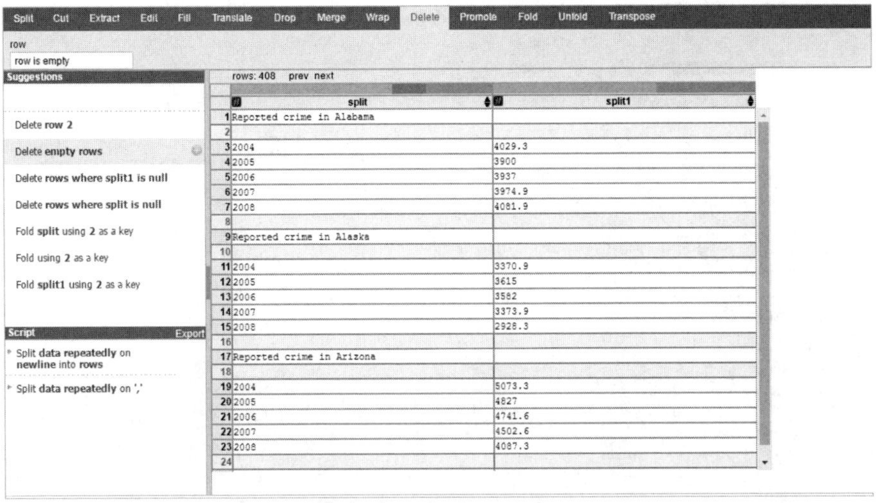

图 4-89 删除空行操作

如图 4-90 所示，用户欲提取数据集中的州名，首先选取了 Alabama，但此时 DataWrangler 认为用户想要提取相应长度的字符，所以没有达到要求的 Alaska 并未被选取，同时 California 等较长的字符也只被截取了一部分。

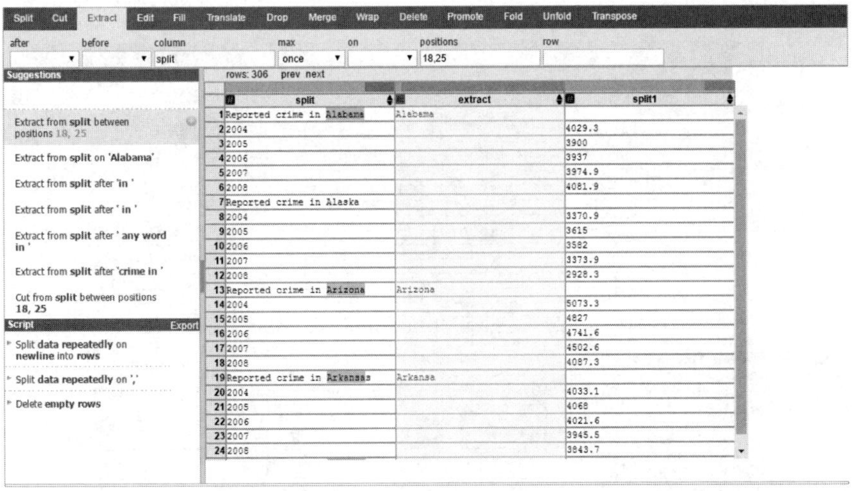

图 4-90 选择欲提取的数据

此时，继续选取 Alaska，DataWrangler 通过二次选取获知用户想要提取的是这一位置的整个单词，进而成功选取出了所有州名，如图 4-91 所示。

选取了全部州名后，在左侧的建议栏中选择"Extract from split after 'in'"选项，完成州名的提取。

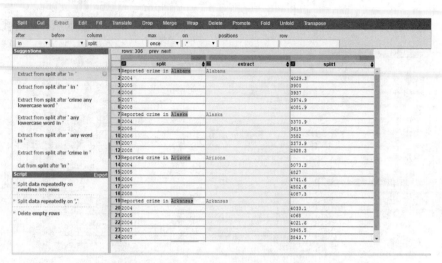

图 4-91　通过二次选取修正提取结果

3．自动填充数据

提取出州名后，需要将其填充到每一行数据中。此时，只需单击一下州名数据列最上方的标题，左侧的建议栏中就会出现自动填充数据的建议选项，单击选择相应的建议，即可完成自动填充数据，如图 4-92所示。

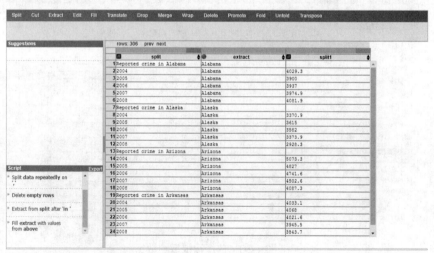

图 4-92　自动填充数据

4．删除无用数据

进行数据自动填充后，需删除遗留下来的一些无意义数据栏。单击想要删除的数据中的某一行，DataWrangler 会自动给出删除建议。同时，将被删除的行会高亮显示，如图 4-93 所示。

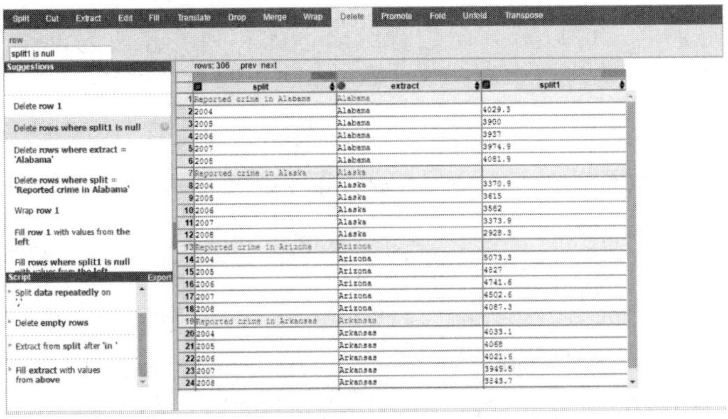

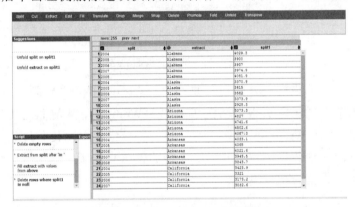

图 4-93　选取需删除的无用行

然后单击左侧删除建议执行删除操作，结果如图 4-94 所示。

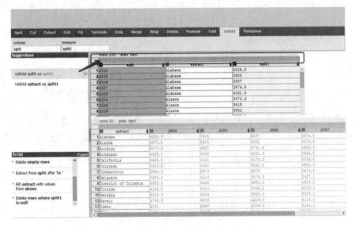

图 4-94　删除无用行后的结果

5．数据重构

在某些情况下，可能需要将数据重新组合成需要的格式。可以单击图 4-95 中箭头指向的区域，DataWrangler 会给出多种数据重构建议。

图 4-95　对数据进行重构

双击列名，可以对列名进行编辑，如将列名修改为 year 或 state 等有意义的文字。

单击左侧的重构建议后，得到的数据结果如图 4-96 所示。

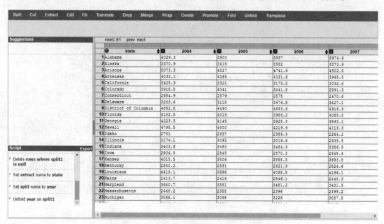

图 4-96 数据重构后的结果

进行数据重构后，每一行是一个州在不同年份的数据。

本节介绍了网页数据清洗工具 DataWrangler，从前面的实例操作可以看出，DataWrangler 操作极为简便，智能化和自动化程度很高，是一款优秀的在线数据清洗软件，如果能够推出桌面版，解除用户数据隐私的担忧，相信会更受欢迎。

4.5 Hawk 简介及基本操作

Hawk 是一款较为特别的软件，集成了网页爬虫和数据清洗功能，随着信息和网络技术的快速发展，从众多的网页中提取数据也是重要的信息获取手段。因此，本节对 Hawk 软件做简要的介绍。

4.5.1 Hawk 软件概述

Hawk 是一种数据抓取和清洗工具，依据 GPL 协议开源，软件基于 C# 实现，其前端界面使用 WPF 开发，支持插件扩展。能够灵活、高效地采集网页、数据库、文件等来源的数据，并通过可视化拖曳操作，快速地进行生成、过滤、转换等数据操作，快速建立解决方案。非常适合作为网页爬虫和数据清洗工具。Hawk 含义为"鹰"，喻为能够高效、准确地捕杀猎物。

Hawk 的下载地址：https://github.com/ferventdesert/Hawk/releases。

1. 界面介绍

Hawk 的主界面如图 4-97 所示。

Hawk 采用类似 Visual Studio 和 Eclipse 的 Dock 风格，所有的组件都可以悬停和切换。核心组件主要有以下几部分。

（1）左上角区域：主要工作区，模块列表，初始有网页采集器和数据清洗模块。

（2）下方：调试信息和任务管理输出窗口，用于监控任务的完成进度。

（3）右上方区域：属性配置器，对不同的模块设置属性。

（4）右下方区域：系统状态视图，分算法视图和数据视图，显示当前已经加载的所有数据表和模块。

2. 数据管理

主界面中间的数据源区域，能够添加来自不同数据源的连接器，并对数据进行加载和管理，如图 4-98 所示。

图 4-97　Hawk 的启动界面

图 4-98　Hawk 数据管理窗口

在数据源区域的空白处右击，可增加新的连接器。在连接器的数据表上双击可查看样例，右击，可以将数据加载到内存中。也可以选择加载虚拟数据集，此时系统会维护一个虚拟集合，当上层请求分页数据时，动态地访问数据库，从而有效提升性能。

3. 模块管理

系统默认提供两个模块：网页采集器和数据清洗，如图 4-99 所示，双击即可加载一个新的模块。

之前配置好的模块，可以保存为任务，双击可加载一个已有任务，如图 4-100 所示。

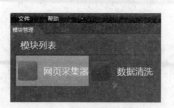

图 4-99　Hawk 模块列表

图 4-100　加载保存的任务

4．系统状态管理

在系统状态管理区中，可对加载数据集或模块进行查看和编辑。

右击，可以对数据集进行配置、复制、删除等。也可以将数据集拖曳到下方的图标上，如拖曳到回收站，即可删除该模块，如图 4-101 所示。

图 4-101　数据集状态操作

双击数据集或模块，可查看模块的内容。将数据集拖曳到数据清洗（数据视图的下方第一个图标），可直接对本数据集做数据清洗。

4.5.2　Hawk 基本操作

1．网页采集器

双击网页采集器图标，加载采集器，网页采集器如图 4-102 所示。

图 4-102　设置网页采集器

在"请键入 URL"地址栏中输入要采集的目标网址，并单击刷新网页。此时，下方将展示获取的 HTML 文本。

由于软件不知道到底要获取哪些内容，因此需要手工设定搜索关键字，设置步骤如图 4-103 所示。

图 4-103 设置搜索关键字

如果发现有错误，可单击编辑集合，对属性进行删除、修改和排序。

可按类似的方法将所有要抓取的特征字段添加进去，或是直接单击手气不错，系统会根据目前的属性，推测其他属性并抓取数据，如图 4-104 所示。

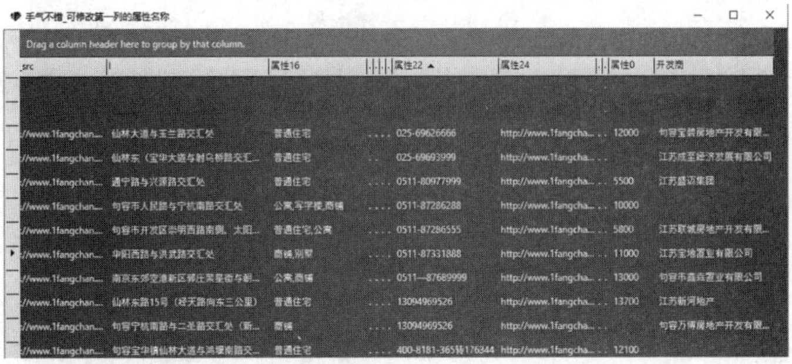

图 4-104 根据关键字搜索的数据集列表

列表中属性的名称是自动推断的，如果不满意，可以修改列表行首的属性名，在对应的列中按 Enter 键提交修改，之后系统就会自动将这些属性添加到属性列表中。

工作过程中，可单击提取测试，随时查看采集器目前能够抓取的数据内容。这样，一个网页采集器即配置完成。在属性管理器的上方，可以修改采集器的模块名称，方便数据清洗模块调用该采集器。

2. 数据清洗

Hawk 的数据清洗模块包含有几十个子模块，功能十分强大，主要类型有生成、转换、过滤和执行，如图 4-105 所示。

数据清洗模块的操作和设置非常方便，如在生成栏中选择"生成区间数"，将该模块拖曳到右侧上方的栏目中，如图 4-106 所示。

图 4-105　数据清洗模块

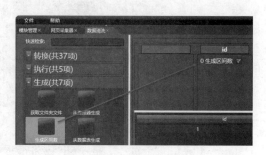

图 4-106　拖放清洗模块

在右侧栏目中双击生成区间数，可弹出设置窗口，设置列名为"id"，最大值填写为 100，生成模式默认为 Append，如图 4-107 所示。

同理，根据数据清洗操作的需要选择其他操作。

3．保存和导出数据

需要保存数据时，可以选择写入文件，或者是临时存储（本软件的数据管理器），或是数据库。因此，可以将相应的"执行"模块拖入清洗链的后端。

拖曳"写入数据表"到任意一列，并填入表名（如 aaa），如图 4-108 所示。

图 4-107　设置生成区间数操作的属性值

图 4-108　设置将数据写入数据表

之后，即可对整个过程进行操作，工作模式可选择串行模式或并行模式，如图 4-109 所示。并行模式使用线程池，可设定最多同时执行的

线程数 (最好不要超过 100), 推荐使用并行模式。

图 4-109 设置执行模式

单击"执行"按钮, 即可在任务管理视图中采集数据。

然后在数据管理的数据表 aaa 上右击, 在弹出的快捷菜单中选择"另存为"命令, 即可将原始数据导出到外部文件中, 如导出到 Excel、JSON 等, 如图 4-110 所示。

4. 保存任务

在右下角的算法视图中的任意模块上右击, 保存任务, 即可在任务视图中保存新任务 (任务名称与当前模块名称一致), 如图 4-111 所示, 下次直接加载即可。如果存在同名任务, 则会对原有任务进行覆盖。在算法视图的空白处单击保存所有模块, 会批量保存所有的任务。

图 4-110 导出数据

图 4-111 保存任务

4.5.3 Hawk 数据清洗实例操作

本节以南京中原地产的二手房信息为例, 介绍利用 Hawk 进行网络爬虫抓取数据和数据清洗的详细步骤。

运行 Hawk 软件, 在模块列表中双击网页采集器图标, 加载采集器, 然后在最上方的地址栏中输入要采集的目标网址 http://nj.centanet. com/ershoufang/?sem=sogou&hmpl=nj6, 并单击刷新网页, 如图 4-112 所示。

图 4-112　网页采集器

此时，下方展示的是获取的 HTML 文本。原始网站页面如图 4-113 所示。

图 4-113　原始网页信息

手工设定搜索关键字，以上述页面为例，检索 1380 万和 44172（总价和单价，每次采集时都会有所不同），以此通过 DOM 树的路径找出整个房源列表的根节点。

由于要抓取列表，所以读取模式选择 List。输入搜索字符 44172，发现能够成功获取 XPath，属性名称为"属性 0"，单击"添加字段"按钮，即可添加一个属性。类似地，再输入 1380，设置属性名称为"属性 1"，即可添加另外一个属性，如图 4-114 所示。

图 4-114　设置搜索属性

将所有要抓取的特征字段添加进去，或是"直接单击手气不错"，系统会根据目前的属性推测其他属性，显示初步能抓取到的数据集，如图 4-115 所示。

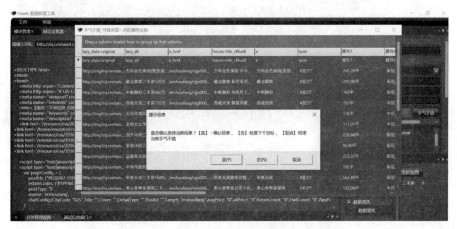

图 4-115　通过手气不错显示能抓取的数据

此时显示的数据还不完整，只是显示了一页的信息，所以需要做进一步抓取设置，就需要使用数据清洗模块了。

在模块列表中双击数据清洗模块，调出数据清洗设置界面，在数据清洗左侧的搜索栏中搜索"生成区间数"模块，用于设置抓取的网页范围，将该模块拖到右侧上方的栏目中，在右侧栏目中双击"生成区间数"，弹出设置窗口，设置列名为"id"，最大值填写 20，生成模式默认为 Append，如图 4-116 所示。

将数字转换为 url，搜索"合并多列"模块，拖曳到 id 列，将原先的数值列变换为一组 url，如图 4-117 所示。

图 4-116　生成区间数设置

图 4-117　设置合并多列

拖曳"从爬虫转换"模块到当前的 url，双击该模块，将刚才的网页采集器的名称填入爬虫选择栏目中，系统就会转换出爬取的前 20 条数据，如图 4-118 所示。

图 4-118　显示爬取的前 20 条数据

　　以上就是简单抓取过滤出来的数据，可以看到数据中有出现重复、错误以及列名错误等情形，需要进行清洗操作。

　　对于那些错误或重复的数据可以通过"删除该列"模块来操作，将"删除该列"模块拖曳到错误或重复的数据列里就可将其删除，如图 4-119 所示就是经过处理之后的数据。

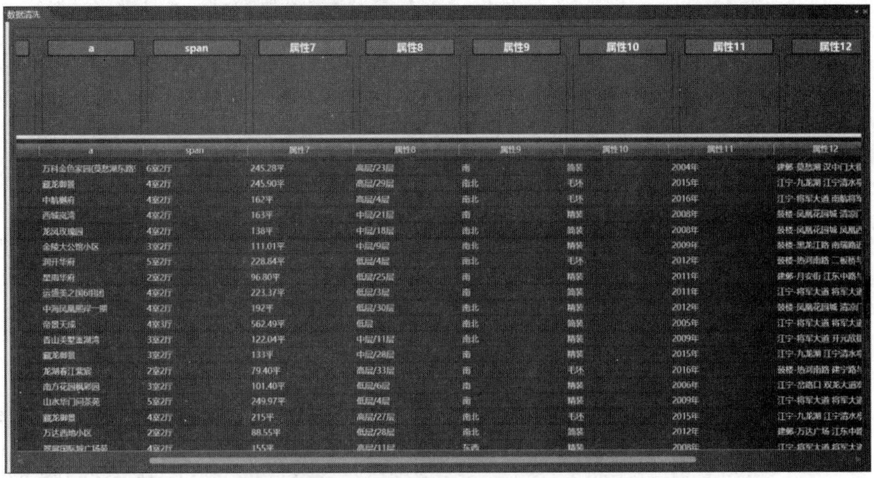

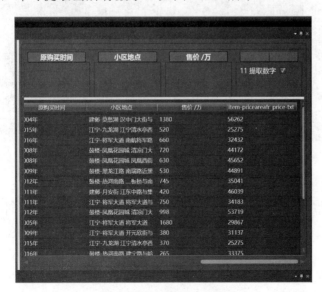

图 4-119　经过删除操作后的数据集

　　如果要修改列名，在最上方的列名上直接修改即可。单价列中包含数字和汉字，若想把数字单独提取出来，可以将"提取数字"模块拖曳到该列上，即可提取出所有数字，如图 4-120 所示。

图 4-120　提取数字操作

　　类似地，可以拖曳"字符分割"或"正则分割"模块到某一列，从而分割和替换文本。如有一些列为空,可以拖曳"空对象过滤器"模块到该列,会自动过滤这一行数据,此处不再赘述。

如图 4-121 所示就是经过一系列处理之后生成的相对规范的数据集。

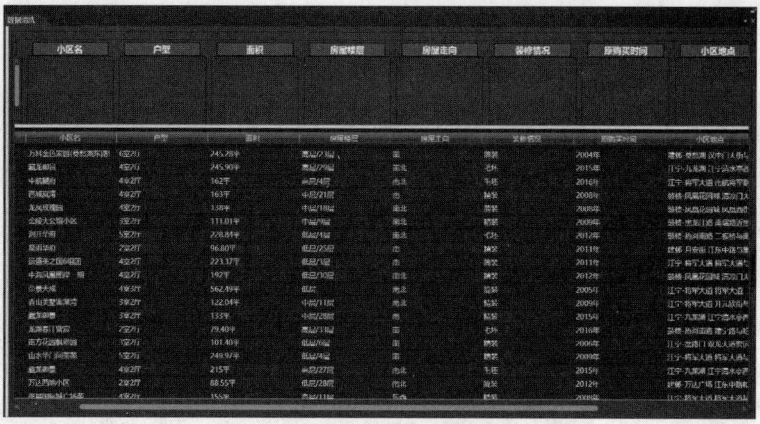

图 4-121　经过清洗处理的规范数据集

需要保存数据时,可以选择写入文件、临时存储(本软件的数据管理器)、数据库、数据表等。因此可以将"执行"模块拖入清洗链的后端,并拖入"写入数据表"到任意一列,且输入表名(如二手房),如图 4-122 所示。

图 4-122　设置将数据写入数据表

现在即可对整个过程进行操作,以抓取所有的数据,工作模式选择串行模式或并行模式,并行模式使用线程池,可设定最多同时执行的线程数(最好不要超过 100)。推荐使用并行模式,速度较快,如图 4-123 所示。

抓取完毕后,在数据视图的数据表二手房上右击,在弹出的快捷菜单中选择"另存为"命令,可以将数据导出到 Excel、JSON 等外部文件中,如图 4-124 所示。

图 4-123　并行抓取模式

图 4-124　导出数据

　　类似地，可以在清洗流程中拖入执行器，以保存中间过程，也可以在结尾拖入多个执行器，这样就能同时写入多个数据库或文件，从而获得极大的灵活性。在算法视图下的任何模块上右击保存任务，下次直接单击运行即可。也可以将一批任务保存为一个工程文件（xml），并在之后将其加载和分发。

　　至此，不用复杂编程，完全通过图形化的操作实现了一个完整的网络爬虫抓取网站数据并进行有效清洗的过程，Hawk 体现出了独特的优势。

△ 4.6 上机练习与实训

 实训题目：使用工具进行数据清洗练习

实训原理

数据清洗就是利用相关技术如数理统计、数据挖掘或预定义的清理规则将"脏"数据转化为满足数据质量要求的数据。数据清洗的实现方式主要有 4 种：手工方式、专门工具方式、特定应用域方式和与应用域无关方式。不管哪种方式，大致都由 3 个阶段组成：数据分析，定义错误类型；搜索，识别错误记录；修正错误。数据清理一般针对具体应用，因而难以归纳统一的方法和步骤，但是根据数据不同可以给出相应的数据清理方法。

一般来说，数据清理是将数据库精简以除去重复记录，并使剩余部分转换成标准可接收格式的过程。数据清理标准模型是将数据输入数据清理处理器，通过一系列步骤"清理"数据，然后以期望的格式输出清理过的数据。数据清理从数据的准确性、完整性、一致性、唯一性、适时性、有效性几个方面，处理数据的丢失值、越界值、不一致代码、重复数据等问题。

实训内容

现有一家企业的招聘职位信息，约有 5000 条数据，如图 4-21 所示。现有客户提出需要了解数据分析师岗位情况，包括岗位分布和特点、能力要求、工资和薪酬等。由于数据集没有经过处理，所以表中的数据还很不规范，如含有大量数据重复、缺失、单列数据粒度过大等问题，因此，在进行数据分析前，需要进行数据清洗操作，以使数据规范化。本次数据清洗实验将使用 DataWrangler 工具来进行。

实训指导

按照前述数据清洗的 3 个阶段，首先预览数据集，通过观察发现数据集主要存在数据缺失、数据不一致、存在"脏"数据和数据不规范等问题，详见 4.1.2 节。

确定问题后，在 DataWrangler 中的数据清洗的步骤如下：

将 CSV 格式的数据集复制并粘贴到 DataWrangler 的数据输入区域，单击右上方的 Wrangle 按钮，进入数据处理界面，开始数据的整理和修复，数据处理界面如图 4-125 所示。

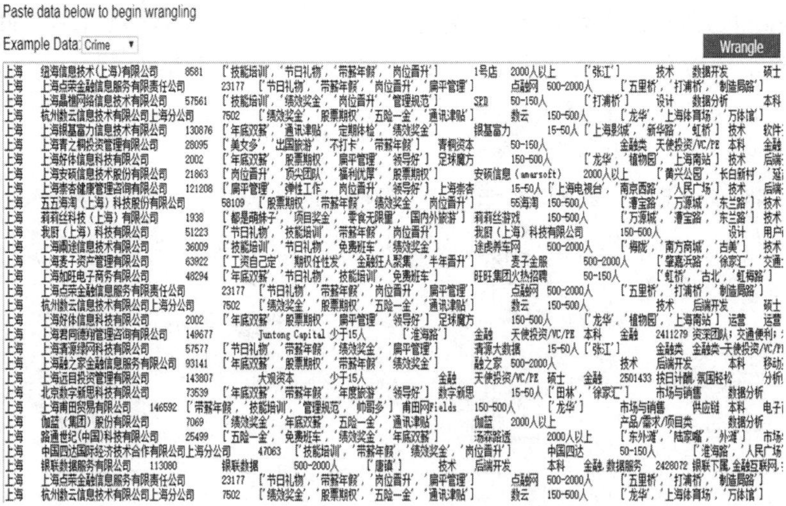
Paste data below to begin wrangling
Example Data: Crime
Wrangle

图 4-125　添加原始数据集

如图 4-126 所示，数据处理界面左侧的面板包括一个根据当前选中数据给出的数据修改建议列表和一个数据操作历史记录列表，单击修改建议列表中的粗体部分，就可以执行该条修改建议。界面的右侧是包含具体数据的数据表。

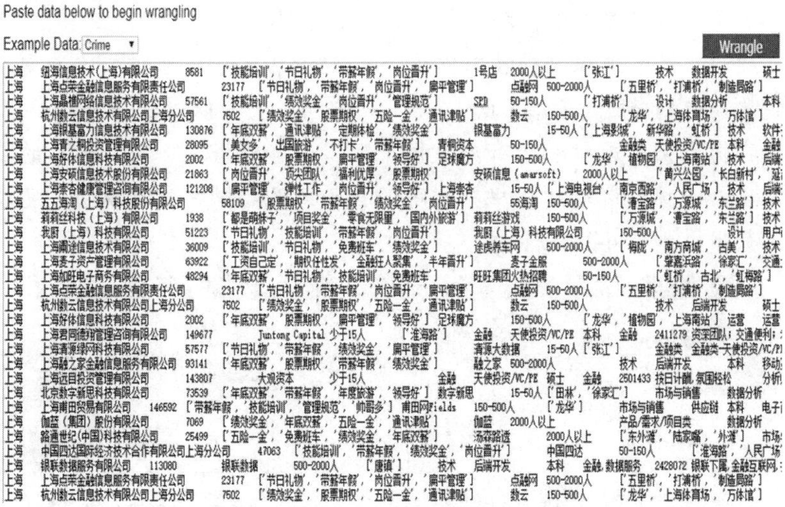
Paste data below to begin wrangling
Example Data: Crime
Wrangle

图 4-126　数据处理界面

通过对数据集的初步观察，发现其中一些公司的部分资料缺失，有些数据被杂糅在一起，还有些不需要的行和列数据，所以需要进行相应的清理操作。

1. 在繁杂数据中提取重要数据

在需要提取部分数据作为单独一列时，首先选中欲提取的数据，此时

DataWrangler 会自动分析用户的意图，并提取出相应数据。如果用户进行二次选取，则会对选取意图进行修正，以提取用户真正需要的数据。

图 4-127 中 split3 列出现了公司福利和招聘人数相重合的情况，所以需要从中将公司福利提取出来。

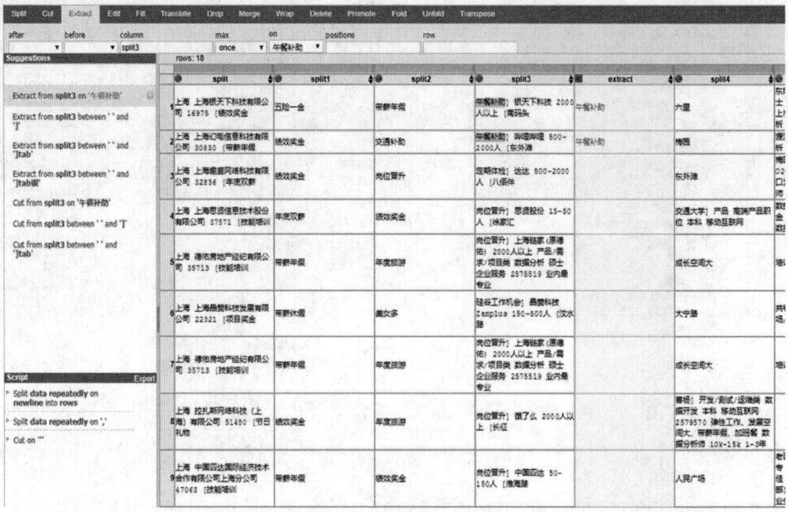

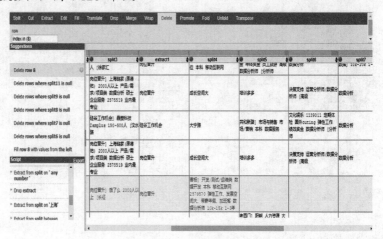

图 4-127　初次提取

首先选取午餐补助，提取相应长度的字符。

此时，继续选取"硅谷工作机会"，DataWrangler 通过二次选取获知操作想要提取的是这一位置的整个单词，进而成功提取出公司福利。

在提取出公司福利（有用数据）后，如需要将其作为一列新的数据，只需单击左侧的智能建议栏中出现的自动填充数据的建议，即可完成自动填充数据，如图 4-128 所示。

图 4-128　二次提取及填充

经过多次提取及填充，就能把想要的内容更加简洁地显示在表中，如图 4-129 所示。

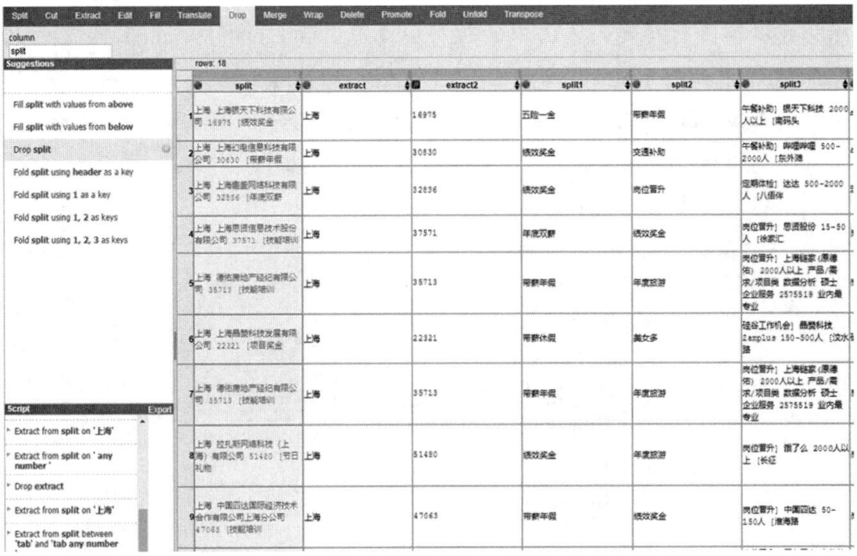

图 4-129　多次提取后界面

2. 删除无用数据列

进行数据自动填充后，会遗留下来一些已经无用的数据列，需将其删除。此时，只要单击想要删除数据的标题列，DataWrangler 会自动给出删除建议。同时，将被删除的列会高亮表示，如图 4-130 所示，选择 Drop split 命令后该列就被删除。

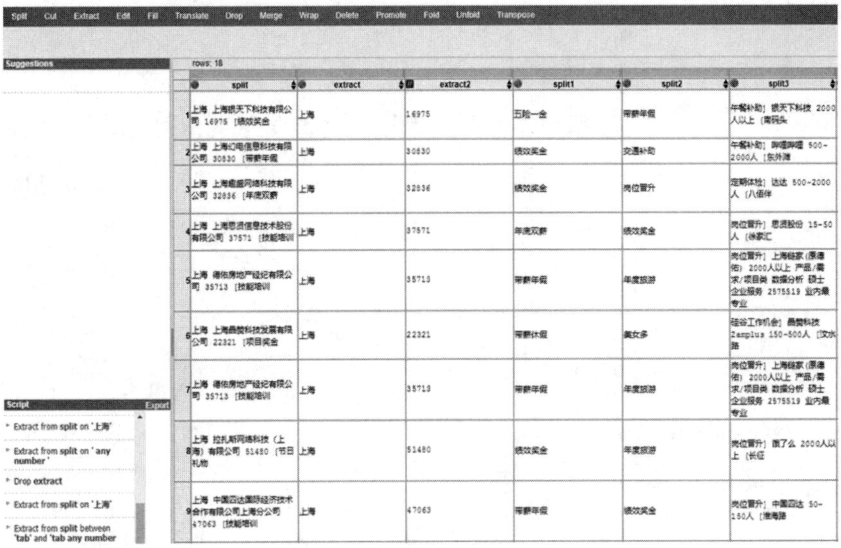

图 4-130　被选中列呈高亮状态

3. 删除无用数据行

有些公司的招聘要求部分出现了空缺，从而使得数据不完整，需要删除。可以单击行标题，被选中的行将会高亮显示，DataWrangler 会自动给出删除建议，如图 4-131 所示，选择 Delete row 命令后所有的无用行被删除。

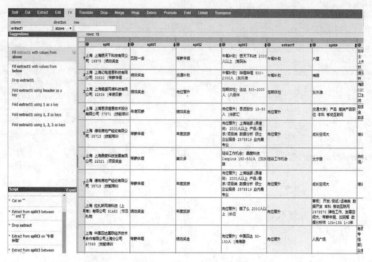

图 4-131 被选中的行呈高亮状态

4. 对标题进行修改

表格中的标题是 DataWrangler 自动设定的标题，并不能正确地描述该列，需要进行修改。可以双击列名，列名框会变成可编辑状态，此时就可以将其修改成规范的列名，如图 4-132 所示，列名已经修改为"公司名""福利""工作经验"等有意义的文字。

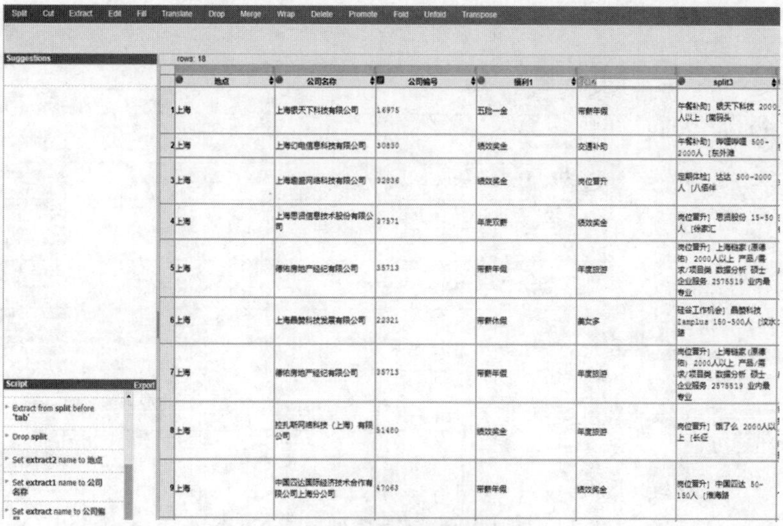

图 4-132 修改列名

至此，按要求进行了数据清洗操作，可以根据需要进一步做自动填充和数据重构等操作，DataWrangler 功能强大，能轻松实现相应的处理要求。

4.7　习题

1. 对招聘信息实验数据集，分别用 Excel、Kettle、OpenRefine、DataWrangler 等工具进行清洗处理练习。

2. 对几种工具进行比较分析，指出各自的优势和不足。

3. 利用 Hawk 就某一主题从网页中抓取数据，并做数据清洗操作。

第 5 章

数据抽取

第 4 章详细阐述了几个常用 ETL（Extraction-Transformation-Loading，数据的抽取、转换和加载）工具的基本操作，抽取作为上述 3 个环节的第一步，直接面对各种分散、异构的数据源，实现从源端数据系统中抽取系统所需要的数据到目的数据源。

数据抽取分为全量抽取和增量抽取。其中，全量抽取把数据源中数据原封不动地全部抽取出来，并转换成 ETL 工具可以识别的格式，与关系型数据库的数据迁移或数据复制有很多共性。而增量抽取只抽取自上一次抽取之后源端数据库里需要抽取的那些新增或修改的数据。在数据抽取过程中，因为效率和时间复杂度的关系，增量抽取较全量抽取应用更广，如何捕获变化的数据是增量抽取的关键。

本章针对文本文件数据、Web 网页数据、数据库数据以及流和实时数据等多种类型的源端数据，逐一介绍数据抽取的概念与操作。

5.1 文本文件抽取

文本文件抽取的基本方式是通过文本结构分析器或者人工分析，找出文本文件中所用到的分隔符，把分隔符左右两边的内容作为两个字段值进行抽取。

这里用开源的 ETL 工具 Data Integration（Kettle）做一个简单的文本文件数据抽取。

例 5-1　文本文件抽取。

需要被抽取的文本文件 TxtExtract_test.txt 如图 5-1 所示。

抽取步骤如下：

（1）人工分析文本文件中的分隔符，TxtExtract_test.txt 文件的分隔符为"|"。

（2）打开 Kettle，在左侧导航栏中从"主对象树"中选择"转换"，右击，在弹出的快捷菜单中选择"新建"命令，创建一个新的转

图 5-1　待抽取的文本文件

换 trans_txtExtract_test，双击"DB 连接"选项，创建新的数据连接，本例创建一个 MySQL 的数据连接，如图 5-2 所示。

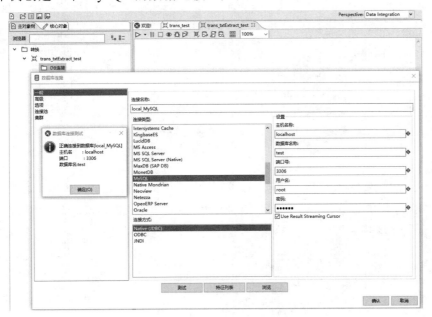

图 5-2　创建 MySQL 数据连接

连接成功的前提条件是在本机的 MySQL 数据库服务器上创建 test 数据库，否则单击"测试"按钮，会提示 UnKnown Database test，提示 test 数据库未知的异常。

（3）在"核心对象"中选择"输入"，双击"文本文件输入"选项，在创建的转换 trans_txtExtract_test 工作区中添加文本文件输入的控件对象。

（4）双击打开"文本文件输入"控件，进入文本文件输入属性设置。

① 在"文件"选项卡中单击"浏览"按钮，在弹出的文件浏览器中选中需要被抽取的文本文件 TxtExtract_test.txt。

② 单击"增加"按钮，把文件添加到选中的文件列表中，如图 5-3 所示。

图 5-3　添加需要抽取的文本文件

③ 选择"内容"选项卡，不改变默认的文件类型，修改分隔符为第（1）步中分析的"|"，取消选中"头部"复选框，其余保持默认值，如图 5-4 所示。

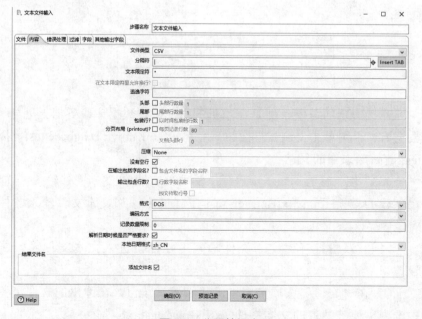

图 5-4　分隔符设定

④ 选择"字段"选项卡，根据文本文件内容，输入 3 个新字段名称：name、id、date，再分别指定字段类型，这里均指定为 String 型；单击页面下方的"预览记录"，则把从文本文件中的内容根据设定的字段进行抽取并预览显示，如图 5-5 所示。

图 5-5　预览文本文件抽取数据

此时文本文件的抽取工作已经完成了一大部分，后面的内容就是实现一个表输出或者一个指定格式的输出就可以把预览到内容输出到数据表或者指定格式的文件中。

5.1.1　制表符文本抽取

在文本文件的编辑中，如果把一系列的数据做类似于表格形式的分隔，让所有的数据信息看起来更容易识别，这就是制表符所需要实现的功效了。制表符，从本意上说，指的是文字或符号在水平标尺上的位置，它指定了文字缩进的距离或一栏文字开始的位置，使用户能够向左、向右或居中对齐文本行；或者将文本与小数字符或竖线字符对齐。在众多操作系统和常用的文本编辑器中，按一次 Tab 键为插入一个制表符的默认按键。

一般情况下，制表符的类型包括左对齐、居中对齐、右对齐、小数点对齐和竖线对齐等。通过设置不同制表符的位置，在输入一项数据之后，按一下 Tab 键，光标就会根据制表符的设置，在数据后面插入一个制表符。通过制表符分隔的文本数据，比不用制表符的文本更容易识别，同时对于文本数据的抽取也大有裨益。

例 5-2　抽取通过制表符分隔的文本文件。

抽取的文件名为 trans_Tab_test.txt，原始文本文件内容如图 5-6 所示。

文件(F)	编辑(E)	格式(O)	查看(V)	帮助(H)
May		002		2016-5-1
June		003		2016-6-1

图 5-6　通过制表符分隔的文件

抽取的步骤、数据库的连接和文本文件的选择增加，均与例 5-1 中步骤（1）～（4）相同，这里不再赘述。

（1）进入"文本文件输入"界面，单击"浏览"按钮，选中本例的 trans_Tab_test.txt 文件，单击"添加"按钮，把文件添加到当前转换中。

（2）在"文本文件输入"界面的"内容"选项中，单击"分隔符"最右边的 Insert TAB 按钮（部分版本翻译为"插入制表符"），会在分隔符处插入一个制表符，如图 5-7 所示。取消选中"内容"选项卡的"头部"复选框，如果选中该复选框，在数据抽取时会排除文件第一行的数据。

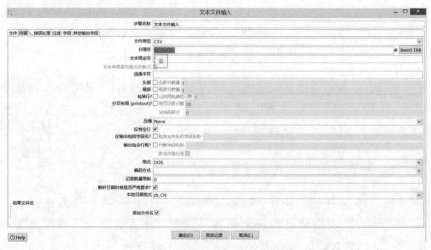

图 5-7　插入制表符 Insert TAB

（3）在"文本文件输入"界面的"字段"选项卡中，根据文本文件的内容添加对应的字段名称，并指定类型；值得注意的是，由于制表符由多个空格组成，所以在"去除空字符串方式"列时，添加的字段都应该选择"不去掉空格"，否则在抽选数据时会把制表符当作空格去除，而不能把制表符作为分隔符实现文本文件内容的分隔，如图 5-8 所示。单击"预览记录"按钮，如图 5-9 所示。

图 5-8　针对文本文件内容添加字段名

图 5-9　使用 TAB 制表符分隔文本文件

（4）在左侧"核心对象"树形目录中选择"输出"→"表输出"命令，把"表输出"控件对象拖曳到右侧的转换工作区，按住 Shift 键，同时按鼠标左键，从"文本文件输入"节点拉出一条数据流指向"表输出"节点，因为数据流的方向是指向"表输出"的，所以数据流的箭头指向"表输出"，如图 5-10 所示。

（5）双击"表输出"节点，对"表输出"进行属性设置。

① 在"表输出"属性页选择创建好的数据库连接，并通过浏览指定对应的数据表。指定的数据表结构根据文本文件的字段名和类型来定义，本节就不赘述。

② 选中"指定数据库字段"复选框。

③ 选择"数据库字段"选项卡，单击"输入字段映射"按钮，弹出"映射匹配"对话框，依次从"源字段"（来自文本文件的字段）中选择需要匹配的字段，再从"目标字段"（输出表中的表字段）中选择

需要被映射的字段，单击 Add 按钮，把一对映射字段添加到"映射"选项框，有多少字段需要映射，就选择几次。如果源字段和目标字段名字相同，可以选择"映射匹配"底部的"猜一猜"，让 Kettle 来自动实现映射，最终映射效果如图 5-11 所示。

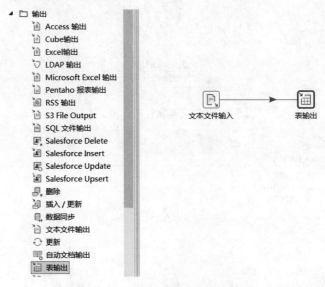

图 5-10　在两个节点之间创建数据流

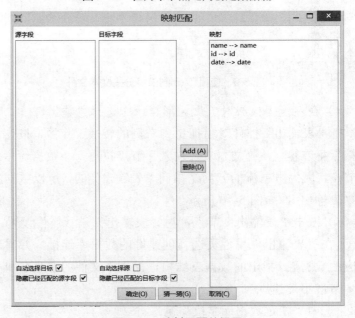

图 5-11　映射匹配的设置

（6）完成"表输出"的设置后，在转换工作区单击顶部的执行按钮▷，运行创建的转换，同时系统会提示先保存转换，然后运行。整个转换的执行结果如图 5-12 所示。

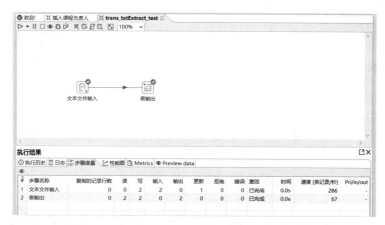

图 5-12　运行文本文件抽取转换

从执行结果的"步骤度量"选项卡中可以看到,"文本文件输入"执行了两行输入操作,而"表输出"执行了读入两行数据、写入两行数据的操作,也就是向数据表中插入了从文本文件中读入的两条记录。

(7)数据表里成功被添加两条记录,结果如图 5-13 所示。

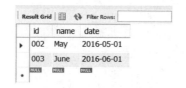

图 5-13　数据表数据添加成功

5.1.2　CSV 文件抽取

CSV 是数据转存的一种常用格式,全称为 Comma-Separated Values,即逗号分隔值。但有时也可使用字符来代替逗号实现分隔。CSV 文件以纯文本形式存储表格数据,也就意味着 CSV 是一个字符序列。

作为一种常用的数据存储的文本文件格式,CSV 文件由任意数目的记录组成,记录之间以某种换行符分隔,其中每条记录由字段组成,字段间的分隔符是某些特定字符或字符串,最常见的是逗号或制表符,并且整个文件中所有记录都有完全相同的字段序列。

作为文本文件的一种变体,CSV 有特定的实现规则,包含以下 8 点。

① 文件开头不能存在空行和空格,以行为单位。

② 可含或不含列名(字段名),如果包含列名,则把列名居文件第一行。

③ 一行下来的数据不跨行,每行之间无空行。

④ 以英文半角逗号","作为分隔符,如果列为空,也需要表达空

列的存在。

⑤ 文件内容如存在半角单引号“'”，替换成半角双引号“""”转义，因为在数据抽取时，所有的字符串内容都会以半角双引号“""”包裹。

⑥ 文件读写时，引号和逗号操作规则互逆。

⑦ 内码格式不限，可为 ASCII、Unicode 或者其他。

⑧ 文件中不支持特殊字符。

CSV 文件的抽取便是依赖上述 8 个规则，在抽取中通过默认提供的“,”或者其他分隔符，取得每条记录中的字段值。

CSV 因为其特殊性，常用表格编辑器管理，如 Excel。本书则直接通过 Notepad 记事本来打开。来看一个对 CSV 文件进行数据抽取的例子，比较和普通文本文件的相似与不同之处。

例 5-3 从 CSV 文件中抽取数据并保存到数据表。

（1）选择的 CSV 文件 sakila_film.csv 内容如图 5-14 所示。

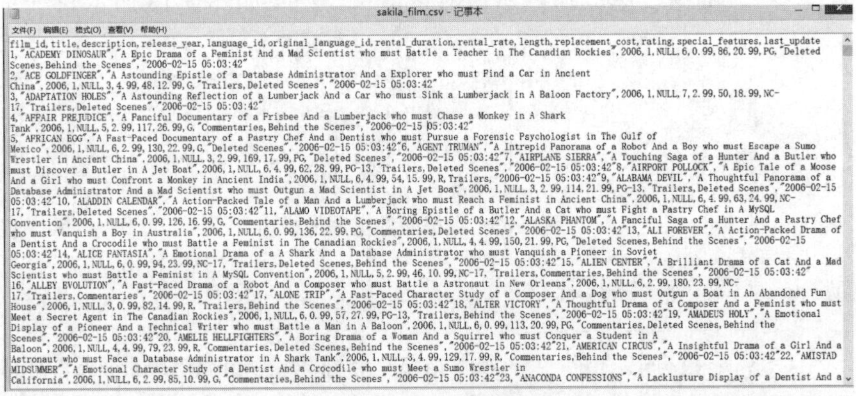

```
sakila_film.csv - 记事本
文件(F) 编辑(E) 格式(O) 查看(V) 帮助(H)
film_id,title,description,release_year,language_id,original_language_id,rental_duration,rental_rate,length,replacement_cost,rating,special_features,last_update
1,"ACADEMY DINOSAUR","A Epic Drama of a Feminist And a Mad Scientist who must Battle a Teacher in The Canadian Rockies",2006,1,NULL,6,0.99,86,20.99,PG,"Deleted
Scenes,Behind the Scenes","2006-02-15 05:03:42"
2,"ACE GOLDFINGER","A Astounding Epistle of a Database Administrator And a Explorer who must Find a Car in Ancient
China",2006,1,NULL,3,4.99,48,12.99,G,"Trailers,Deleted Scenes","2006-02-15 05:03:42"
3,"ADAPTATION HOLES","A Astounding Reflection of a Lumberjack And a Car who must Sink a Lumberjack in A Baloon Factory",2006,1,NULL,7,2.99,50,18.99,NC-
17,"Trailers,Deleted Scenes","2006-02-15 05:03:42"
4,"AFFAIR PREJUDICE","A Fanciful Documentary of a Frisbee And a Lumberjack who must Chase a Monkey in A Shark
Tank",2006,1,NULL,5,2.99,117,26.99,G,"Commentaries,Behind the Scenes","2006-02-15 05:03:42"
5,"AFRICAN EGG","A Fast-Paced Documentary of a Pastry Chef And a Dentist who must Pursue a Forensic Psychologist in The Gulf of
Mexico",2006,1,NULL,6,2.99,130,22.99,G,"Deleted Scenes","2006-02-15 05:03:42"6,"AGENT TRUMAN","A Intrepid Panorama of a Robot And a Boy who must Escape a Sumo
Wrestler in Ancient China",2006,1,NULL,3,2.99,169,17.99,PG,"Deleted Scenes","2006-02-15 05:03:42"7,"AIRPLANE SIERRA","A Touching Saga of a Hunter And a Butler who
must Discover a Butler in A Jet Boat",2006,1,NULL,6,4.99,62,28.99,PG-13,"Trailers,Deleted Scenes","2006-02-15 05:03:42"8,"AIRPORT POLLOCK","A Epic Tale of a Moose
And a Girl who must Confront a Monkey in Ancient India",2006,1,NULL,6,4.99,54,15.99,R,Trailers,"2006-02-15 05:03:42"9,"ALABAMA DEVIL","A Thoughtful Panorama of a
Database Administrator And a Mad Scientist who must Outgun a Mad Scientist in A Jet Boat",2006,1,NULL,3,2.99,114,21.99,PG-13,"Trailers,Deleted Scenes","2006-02-15
05:03:42"10,"ALADDIN CALENDAR","A Action-Packed Tale of a Man And a Lumberjack who must Reach a Feminist in Ancient China",2006,1,NULL,6,4.99,63,24.99,NC-
17,"Trailers,Deleted Scenes","2006-02-15 05:03:42"11,"ALAMO VIDEOTAPE","A Boring Epistle of a Butler And a Cat who must Fight a Pastry Chef in A MySQL
Convention",2006,1,NULL,6,0.99,126,16.99,G,"Commentaries,Behind the Scenes","2006-02-15 05:03:42"12,"ALASKA PHANTOM","A Fanciful Saga of a Hunter And a Pastry Chef
who must Vanquish a Boy in Australia",2006,1,NULL,6,0.99,136,22.99,PG,"Commentaries,Deleted Scenes","2006-02-15 05:03:42"13,"ALI FOREVER","A Action-Packed Drama of
a Dentist And a Crocodile who must Battle a Feminist in The Canadian Rockies",2006,1,NULL,4,4.99,150,21.99,PG,"Deleted Scenes,Behind the Scenes","2006-02-15
05:03:42"14,"ALICE FANTASIA","A Emotional Drama of a A Shark And a Database Administrator who must Vanquish a Pioneer in Soviet
Georgia",2006,1,NULL,6,0.99,94,23.99,NC-17,"Trailers,Deleted Scenes,Behind the Scenes","2006-02-15 05:03:42"15,"ALIEN CENTER","A Brilliant Drama of a Cat And a Mad
Scientist who must Battle a Feminist in A MySQL Convention",2006,1,NULL,5,2.99,46,10.99,NC-17,"Trailers,Commentaries,Behind the Scenes","2006-02-15 05:03:42"
16,"ALLEY EVOLUTION","A Fast-Paced Drama of a Robot And a Composer who must Battle a Astronaut in New Orleans",2006,1,NULL,6,2.99,180,23.99,NC-
17,"Trailers,Commentaries","2006-02-15 05:03:42"17,"ALONE TRIP","A Fast-Paced Character Study of a Composer And a Dog who must Outgun a Boat in An Abandoned Fun
House",2006,1,NULL,3,0.99,82,14.99,R,"Trailers,Behind the Scenes","2006-02-15 05:03:42"18,"ALTER VICTORY","A Thoughtful Drama of a Composer And a Feminist who must
Meet a Secret Agent in The Canadian Rockies",2006,1,NULL,6,0.99,57,27.99,PG-13,"Trailers,Behind the Scenes","2006-02-15 05:03:42"19,"AMADEUS HOLY","A Emotional
Display of a Pioneer And a Technical Writer who must Battle a Man in A Baloon",2006,1,NULL,6,0.99,113,20.99,PG,"Commentaries,Deleted Scenes,Behind the
Scenes","2006-02-15 05:03:42"20,"AMELIE HELLFIGHTERS","A Boring Drama of a Woman And a Squirrel who must Conquer a Student in A
Baloon",2006,1,NULL,4,4.99,79,23.99,R,"Commentaries,Deleted Scenes,Behind the Scenes","2006-02-15 05:03:42"21,"AMERICAN CIRCUS","A Insightful Drama of a Girl And a
Astronaut who must Face a Database Administrator in A Shark Tank",2006,1,NULL,3,4.99,129,17.99,R,"Commentaries,Behind the Scenes","2006-02-15 05:03:42"22,"AMISTAD
MIDSUMMER","A Emotional Character Study of a Dentist And a Crocodile who must Meet a Sumo Wrestler in
California",2006,1,NULL,6,2.99,85,10.99,G,"Commentaries,Behind the Scenes","2006-02-15 05:03:42"23,"ANACONDA CONFESSIONS","A Lacklusture Display of a Dentist And a
```

图 5-14 CSV 文件内容

为了能更加清楚地区分 CSV 中行（记录）和列（字段），本例中把 sakila_film.csv 文件的内容做了简单的调整。第一行内容是列名，第二行则是列名 film_id 为 1 的第一条记录，第三行则是 film_id 为 2 的第二条记录，以此类推。

本例一共修改了前 5 条记录，即是说原本的 CSV 文件里的内容每一行（记录）之间没有特别的界限，完全是所有字段遍历完之后表示一条记录读完。同时，每一列（字段）之间均通过半角“,”分隔，验证了 Comma-Separated 的意义。

（2）打开 Kettle，创建转换，在转换工作区中添加“文本文件输入”控件，把 sakila_film.csv 文件增加到转换中。

（3）在“文本文件输入”界面的“内容”选项卡中，输入分隔符为","。

（4）在"文本文件输入"界面的"字段"选项卡中，选择"获取字段"，Kettle 会自动检索 CSV 文件，并对文件中的字段类型、格式、长度、精度等属性进行分析，如图 5-15 所示。

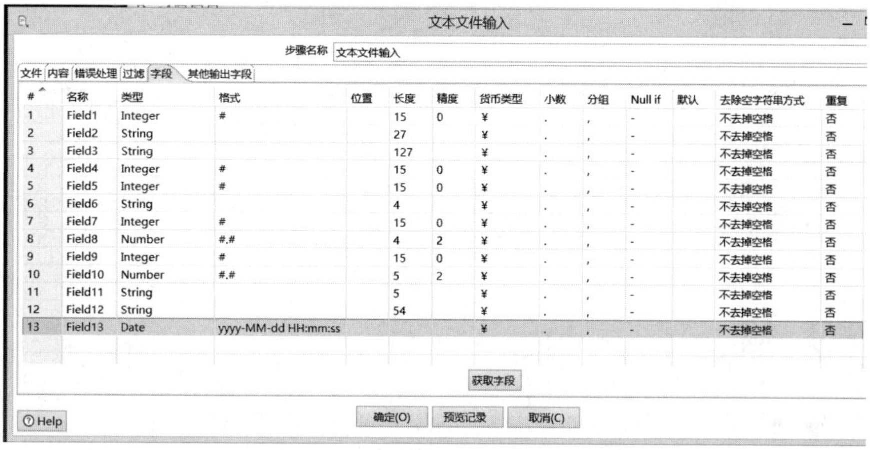

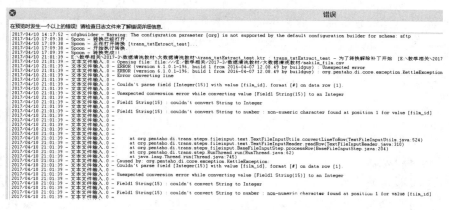

图 5-15　Kettle 自动获取 CSV 中第一行的字段信息

（5）字段名称 Kettle 并没有自动获得，需要手动修改。单击"预览记录"按钮，正常情况下会把该 CSV 文件内容以数据表的形式进行预览，同时也会因为数据类型、长度和进度等原因产生异常，如图 5-16 所示。

图 5-16　预览记录时提示的异常

上述问题是由于字段类型的原因引起，若把部门字段的类型修改为 String 即可解决问题，预览的记录如图 5-17 所示。

（6）后续数据表的输出本例就不再细说，可以根据前面的例子按图索骥，对文本文件输入控件得到的数据进行进一步处理。

图 5-17　CSV 文件内容抽取预览

5.2　Web 数据抽取

　　Web 数据抽取技术是研究如何获取存在于 Web 上的数据。

　　众所周知，Web 是以 HTML 网页为主要形式存在的因特网服务，也是因特网上最流行、使用最广泛的服务形式。且因为基于 HTML 语言所编写的网页具有简单、容易传输、标准开放、查看与编写工具广泛存在等一系列特点，因特网上主要的数据都以 HTML 网页的形式存储和传播。因此，如何获取存在于 Web 上的数据，很大程度上是如何获取存储在 HTML 网页形式中的数据的问题。因为 HTML 作为对外的展示性文档，数据往往被各种修饰元素包裹，所以抽取原始数据直接提升为 Web 数据抽取的一个重点，包括 XML 和 JSON 的数据抽取。

5.2.1　HTML 文件抽取

　　值得一提的是，HTML 网页本身的无结构化，或者半结构化，使得数据抽取工作必然面临语义这个难题，虽然可以依赖数据库技术找到一些解决方法，但是实现难度依旧可观。基于数据库技术的 HTML 文件抽取技术研究经过了人工、半自动化和自动化方法 3 个阶段。人工方法通过程序员人工分析出网页模板，借助一定的编程语言（例如 Java、Perl 这样的适合处理 HTML 文件的程序编写语言），针对具体的问题生成具体的包装器。半自动化方法中，应用网页模板抽取数据生成具体包装器的部分被计算机接管，而网页模板的分析仍然需要人工参与。自动化方法中，网页模板的分析部分也交给了计算机进行，仅仅需要很少的人工参与（例如对检查结果进行校准）或者完全不需要人工参与，因而更加适合大规模、系统化、持续性的 Web 数据抽取。

综上所述，人工方法进行 HTML 的数据抽取，主要的任务就是通过人工对网页源码结果的分析，借助编程语言，使用正则表达式，匹配 HTML 中的标签和标签属性，把有用的数据过滤出来，实现 HTML 文件的数据抽取工作。

因为涉及编程语言和正则表达式，本节就不着力阐述了，这里简单地通过一个 C#编程语言使用正则表达式抽取 HTML 文件的例子进行说明。

例 5-4 从 HTML 源码段中抽取有价值的数据。

操作步骤如下：

（1）对 HTML 文件部分源码内容进行分析，如下面代码所示。

```
<tr>
<td width="12%" style="font-weight:bold">章节名称：</td>
<td colspan="7"><b>Web 数据抽取</b></td>
</tr>
<tr height="22">
<td width="12%" bgcolor="#ffffff" style="font-weight:bold">第一节名称：</td>
<td colspan="7" bgcolor="#ffffff">HTML 文件抽取</td>
</tr>
<tr height="22">
<td width="12%" bgcolor="#ffffff" style="font-weight:bold">内容简介：</td>
<td colspan="7" bgcolor="#ffffff">Web 数据抽取技术研究的是如何获取存在于
Web 上的数据，包括 HTML、JSON、XML 等文件中包含的数据。</td>
</tr>
```

针对以上 HTML 代码，"Web 数据抽取"将抽取第 1 个<tr>中第 2 个<td>的内容、第 2 个<tr>中的第 2 个<td>内容、第 3 个<tr>中的第 2 个<td>内容。但抽取内容所对应的<tr>、<td>标签属性值不同，因此给 Web 数据抽取工作带来了一些阻碍。

（2）分析源码中标签和属性规律，得到的正则表达式如下：

```
(?is)<tr[^>]*?>\s*<td\b.*?</td>\s*<td[^>]*?>(?:<[^>]+>)?(.*?)(?:</[^>]+>)?\s*(?: )*
</td>\s*</tr>")
```

（3）使用 C#编程语言中的 String 类型对该 HTML 源码进行封装，在通过正则表达式对源码内容进行匹配，把得到的结果输出，完成 HTML 数据抽取。

部分代码如下：

```
#region 代码片段开始
String str_source = "<tr>"
+ "<td width=\"12%\" style=\"font-weight:bold\">章节名称：</td>"
+ "<td colspan=\"7\"><b>Web 数据抽取</b></td>"
```

```
+ "</tr>"
+ "<tr height=\"22\">"
+ "<td width=\"12%\" bgcolor=\"#ffffff\" style=\"font-weight:bold\">第一节名称：</td>"
+ "<td colspan=\"7\" bgcolor=\"#ffffff\">HTML 文件抽取</td>"
+ "</tr>"
+ "<tr height=\"22\">"
+ "<td width=\"12%\" bgcolor=\"#ffffff\" style=\"font-weight:bold\">内容简介：</td>"
+ "<td colspan=\"7\" bgcolor=\"#ffffff\">Web 数据抽取技术研究的是如何获取存在
于 Web 上的数据，包括 HTML、JSON、XML 等文件中包含的数据。</td>"
+ "</tr>";
Regex reg = new Regex(@"(?is)<tr[^>]*?>\s*<td\b.*?</td>\s*<td[^>]*?>
(?:<[^>]+>)?(.*?)(?:</[^>]+>)?\s*(?: )*</td>\s*</tr>");
foreach(Match m in reg.Matches(str_source))
{
                Console.WriteLine(m.Groups[1].Value);
}
#endregion
```

（4）HTML 数据抽取结果如图 5-18 所示。

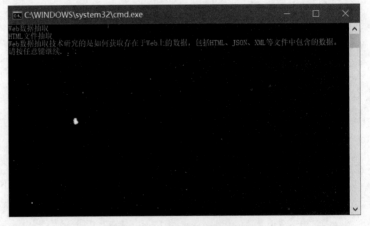

图 5-18　HTML 数据抽取结果

5.2.2　JSON 数据抽取

JSON（JavaScript Object Notation，JS 对象标记）是一种轻量级的数据交换格式。它是基于 ECMAScript（W3C 制定的 JS 规范）的一个子集，采用完全独立于编程语言的文本格式来存储和表示数据。简洁和清晰的层次结构使得 JSON 成为理想的数据交换语言，易于人阅读和编写，同时也易于机器解析和生成，并有效地提升网络传输效率。

简而言之，JSON 就是 JavaScript（简称 JS）对象的字符串表示法，它使用文本表示一个 JS 对象的信息，本质是一个字符串，如下代码所示。

```
var obj = {a: 'Hello', b: 'World'}; //这是一个对象，注意键名也是可以使用引号包裹的
var json = '{"a": "Hello", "b": "World"}; //这是一个 JSON 字符串，本质是一个字符串
```

除了一般的键值对之外，JSON 串还可以包含 JsonArray。JsonArray 就是 JSON 数组，使用"[]"把内容相关的键值对或者 JSON 串放在一起。

简单的 JSON 对象中的数组：

```
{ "name":"网站", "num":3, "sites":[ "Google", "Runoob", "Taobao" ] }
```

嵌套 JSON 对象中的数组：

```
{ "name":"网站",
"num":3,
"sites": [
{ "name":"Google",
"info":[ "Android", "Google 搜索", "Google 翻译" ]
},
{ "name":"Runoob",
"info":[ "菜鸟教程", "菜鸟工具", "菜鸟微信" ]
},
{ "name":"Taobao",
"info":[ "淘宝", "网购" ]
} ]
}
```

和 HTML 文件的源码相比，JSON 的数据表现直截了当，通过"{}"包裹，":"前面是数据的键，后面是数据的值，多个数据之间用","分隔，若存在 JsonArray，则用"[]"把数组的内容包裹起来。完全免除了对 HTML 源码标签和属性的分析，解决了人力负担，通过 ELT 工具 Kettle 可以轻松实现数据抽取。

例 5-5　使用 Kettle 从 JSON 文件中抽取数据。

（1）选择 JSON 文件，文件名为 chinacitylist.json。如果使用 Kettle 读取 JSON 文件，则文件的后缀名需要改为.js，让 Kettle 把该文件作为一个 JavaScript 文件来读取。文件内容如图 5-19 所示。

（2）在 Kettle 的"核心对象"树中选择 ▷ 🗀 Input，而不是 ▷ 🗀 输入。从 Input 中，选中 JSON Input 对象，双击或者拖曳到转换的编辑区域，根据读取的 JSON 文件的内容修改该对象名称为 JSONInputChinaCity。

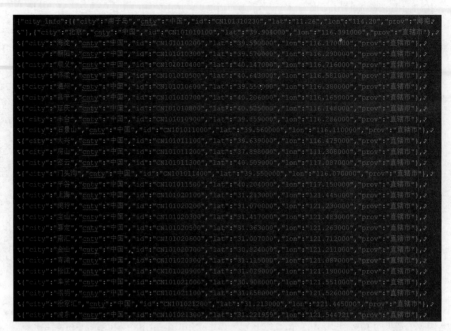

图 5-19　chinacitylist.js 文件

（3）双击该对象，进行属性设置。在"文件"选项卡中先浏览需要读取的文件，再选择增加，注意 JSON 文件的后缀名已经改为 js，如图 5-20 所示。

图 5-20　添加需要读取的 JSON 文件

（4）在"字段"选项卡中对需要抽取的 JSON 文件的字段进行指派，这也是 JSON 文件抽取和之前提到的所有文件类型抽取的最大不同，JSON Input 缺少自动获取 JSON 文件的字段，需要手动地进行输入，而且路径必须输入准确，并且对于 JSON 文件中需要抽取的内容，JSON Input 也有一些特殊要求，这些内容需要读者们自行去理解和体会。

注意：JSON 文件的抽取字段设置尤为重要，否则基本都会出现无法读取该文件内容的错误提示。

JSON 字段设置如图 5-21 所示。

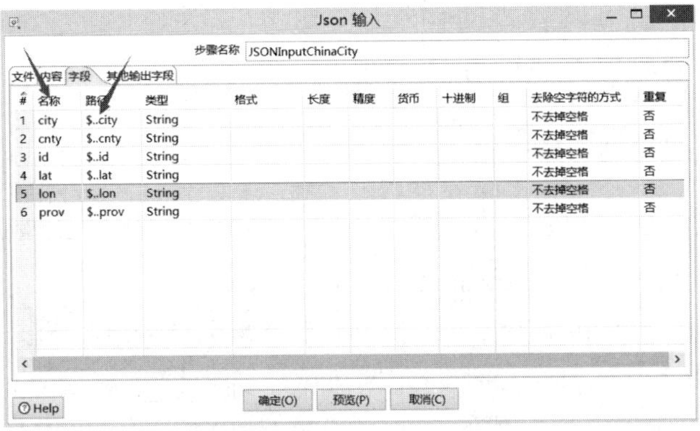

#	名称	路径	类型	格式	长度	精度	货币	十进制	组	去除空字符的方式	重复
1	city	$..city	String							不去掉空格	否
2	cnty	$..cnty	String							不去掉空格	否
3	id	$..id	String							不去掉空格	否
4	lat	$..lat	String							不去掉空格	否
5	lon	$..lon	String							不去掉空格	否
6	prov	$..prov	String							不去掉空格	否

图 5-21　设置 JSON 字段

每个 JSON 文件的字段内容均不相同，所以不同的 JSON 文件在抽取的时候都必须重新设置字段；字段的名字是在抽取后显示的列名，可以使用中文；字段的路径必须根据 JSONPath 规定的符号来设置，如图 5-22 所示。

JSONPath	Description
$	the root object/element
@	the current object/element
. or []	child operator
n/a	parent operator
..	recursive descent. JSONPath borrows this syntax from E4X.
*	wildcard. All objects/elements regardless their names.

图 5-22　JSONPath 的符号规范

（5）单击“预览”按钮，查看抽取效果，如图 5-23 所示。

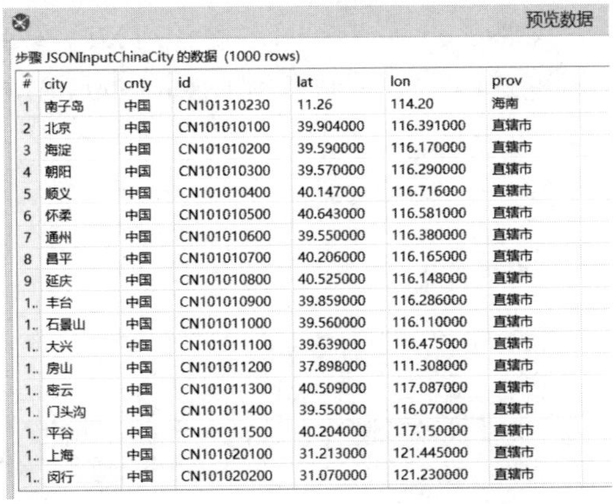

#	city	cnty	id	lat	lon	prov
1	南子岛	中国	CN101310230	11.26	114.20	海南
2	北京	中国	CN101010100	39.904000	116.391000	直辖市
3	海淀	中国	CN101010200	39.590000	116.170000	直辖市
4	朝阳	中国	CN101010300	39.570000	116.290000	直辖市
5	顺义	中国	CN101010400	40.147000	116.716000	直辖市
6	怀柔	中国	CN101010500	40.643000	116.581000	直辖市
7	通州	中国	CN101010600	39.550000	116.380000	直辖市
8	昌平	中国	CN101010700	40.206000	116.165000	直辖市
9	延庆	中国	CN101010800	40.525000	116.148000	直辖市
1..	丰台	中国	CN101010900	39.859000	116.286000	直辖市
1..	石景山	中国	CN101011000	39.560000	116.110000	直辖市
1..	大兴	中国	CN101011100	39.639000	116.475000	直辖市
1..	房山	中国	CN101011200	37.898000	111.308000	直辖市
1..	密云	中国	CN101011300	40.509000	117.087000	直辖市
1..	门头沟	中国	CN101011400	39.550000	116.070000	直辖市
1..	平谷	中国	CN101011500	40.204000	117.150000	直辖市
1..	上海	中国	CN101020100	31.213000	121.445000	直辖市
1..	闵行	中国	CN101020200	31.070000	121.230000	直辖市

图 5-23　chinacitylist.js 文件抽取预览

（6）从左侧“核心对象”中单击“输出”按钮，然后选择 Microsoft Excel 输出 选项，将其拖曳到工作区，把 JSONInput 的主输出指向该 Excel 输出，在 Excel 输出中指定需要保存的路径和文件名，单击执行，就可以通过 Kettle 抽取 JSON 文件中指定了路径的数据键，把这些内容抽取并保存到 xls 文件中。

5.2.3 XML 数据抽取

在 Kettle 中可以使用两种方式读取和解析 XML 文件，分别是 Get data from XML 和 XML Input Stream（StAX）。

Get data from XML 使用 DOM 方式解析。DOM 解析是把整个 XML 文档当成一个对象来处理，会先把整个文档读入内存里，然后把整个 XML 文件作为一个倒置的树形结构进行处理，每一个 XML 标签作为一棵树的节点。通常需要加载整个文档和构造 DOM 树，然后才能开始工作，比较消耗内存，当文件很大时，就不太可取。

XML Input Stream（StAX）使用 SAX（StAX）方式解析。SAX 是 Simple API for XML 的缩写，它并不是由 W3C 官方所提出的标准，虽然如此，SAX 解析的使用还是非常广泛，几乎所有的 XML 解析器都会支持它。SAX 解析是基于事件驱动的，它并不需要读入整个文档并能快速载入数据，而文档的读入过程也就是 SAX 的解析过程。

例 5-6 使用 DOM 方式抽取 XML 文件。

（1）从左侧“核心对象”树中选择 Input（因为汉化的关系，部分被汉化内容放在“输入”节点里，没有汉化的对象放在 Input 节点里），在其下选择 Get data from XML，并将其拖曳到右侧的工作区中。

（2）双击 Get data from XML 对象，在弹出的“XML 文件输入”对话框中选择“文件”选项卡，同之前的 TXT、CSV 和 JSON 文件选择一致，先浏览选中文件，再增加到 Get data from XML 对象里，如图 5-24 所示。

图 5-24 增加 XML 文件

（3）进入"内容"选项卡，在"循环读取路径"选项中选择"获取 XML 文档的所有路径"，Kettle 会从读入的 XML 文件中检索该文件对应的根节点、一级节点、二级节点。如步骤（2）中的 XML 文件内容的检索如下：

```
<Level1>
 <Level2>
  <Props>
   <ObjectID>AAAAA</ObjectID>
   <SAPIDENT>31-8200</SAPIDENT>
   <Quantity>1</Quantity>
   <Merkmalname>TX_B</Merkmalname>
   <Merkmalswert> 600</Merkmalswert>
  </Props>
  <Props>
   <ObjectID>AAAAA</ObjectID>
   <SAPIDENT>31-8200</SAPIDENT>
   <Quantity>3</Quantity>
   <Merkmalname>TX_B</Merkmalname>
   <Merkmalswert> 900</Merkmalswert>
  </Props>
 </Level2>
</Level1>
```

根据 DOM 解析的方式，该 XML 文件内容全部被读入内存，然后循环解析出该文件的各级标签节点。上述文件的根节点为 Level1，一级节点为 Level2，二级节点为 Props，以及二级节点的子节点。选择"获取 XML 文档的所有路径"得到如图 5-25 的几种选择。

为了显示整个 XML 文件的内容，选择第 3 项，即 /Level1/Level2/Props，单击"确定"按钮。

（4）根据 XML 文档内容选择字符集，默认为 UTF-8。

（5）在"字段"选项卡中选择"获取字段"，Get data from XML 对象根据指定的"循环读取路径"解析出所有的子节点和这些子节点所对应的 XML 路径，但是结果类型需要读者们根据 XML

图 5-25　获取 XML 文档的所有路径

文件中的内容自行调整，否则 Get data from XML 在类型转换上会报异常，如图 5-26 所示。

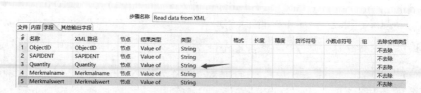

图 5-26 获取字段

（6）单击"预览"按钮，可以看到 Kettle 对该 XML 文件进行了 DOM 解析，解析结果如图 5-27 所示。

图 5-27 DOM 解析 XML 文件

例 5-7 使用 SAX 抽取 XML 文件。

（1）从左侧"核心对象"树中选择 XML Input Steam（StAX）对象，拖曳到工作区中。

（2）双击打开 XML Input Steam（StAX）对象，选择需要解析的 XML 文件，这里为了和 DOM 解析进行比较，选择和例 5-6 一样的 XML 文件。

（3）选择文件之后，XML Input Steam（StAX）对象会自动填充"XML 文件输入（StAX 解析）"属性页下半部分的内容，但是具体需要被抽取的字段名则要自行通过复选框选择，如图 5-28 所示。

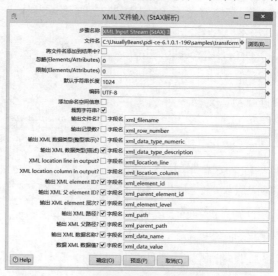

图 5-28 SAX 解析自动抽取 XML 文件字段名

（4）默认选择，不做字段的修改，单击"预览"按钮，抽取结果如图 5-29 所示。

#	xml_data_type_description	xml_element_id	xml_parent_element_id	xml_element_level	xml_path	xml_parent_path	xml_data_name	xml_data_value
32	CHARACTERS	13	9	4	/Level1/Level2/Props/Merkmalname	/Level1/Level2/Props	Merkmalname	TX_B
33	END_ELEMENT	13	9	4	/Level1/Level2/Props/Merkmalname	/Level1/Level2/Props	Merkmalname	<null>
34	START_ELEMENT	14	9	4	/Level1/Level2/Props/Merkmalswert	/Level1/Level2/Props	Merkmalswert	<null>
35	CHARACTERS	14	9	4	/Level1/Level2/Props/Merkmalswert	/Level1/Level2/Props	Merkmalswert	900
36	END_ELEMENT	14	9	4	/Level1/Level2/Props/Merkmalswert	/Level1/Level2/Props	Merkmalswert	<null>
37	END_ELEMENT	9	2	3	/Level1/Level2/Props	/Level1/Level2	Props	<null>
38	END_ELEMENT	2	1	2	/Level1/Level2	/Level1	Level2	<null>
39	END_ELEMENT	1	0	1	/Level1		Level1	<null>
40	END_DOCUMENT	0	<null>	0			<null>	<null>

图 5-29 SAX 解析预览结果

由图 5-29 可知，SAX 解析会把节点（XML 标签）和节点内容一起解析出来，相对 DOM 解析，SAX 解析表面上看内容并不工整，但是在更快的速度下获取了更多的数据内容。

5.3 数据库数据抽取

在企业的日常运营或者项目的扩展性开发中，常常会遇到数据库方面的问题，如之前的数据库管理系统已经无法满足现在企业或者项目所覆盖数据量的需求，出现需要对数据库管理系统进行更换的情况；也可能会出现对某一个数据库服务器上的数据进行迁移、备份的情况；更有甚者会遇到从关系型数据库转移为非关系型数据库的情况。由于数据库中包含的数据量的重要性和巨大性，如何安全、稳定、高效地进行数据抽取成为本节需要阐述的核心。对于数据库数据的抽取还涉及增量抽取和全量抽取的不同情况，本节暂时只针对全量抽取来讲解关系型数据库的数据抽取。

5.3.1 数据导入导出

数据导入导出一般涉及的问题就是相同类型数据库的备份和还原。因为数据库所包含的内容除了数据表、视图、触发器等结构性工具性的成分，数据信息是数据库中最重要的内容。为了防止数据库服务器异常、恶意攻击、数据库管理员的误操作的情况发生，数据的导入导出作为最基本的一项数据库抽取操作变得尤为重要。

这里以免费并且使用量非常广泛的 MySQL 数据库为例，来给读者阐述数据的导入和导出操作。注意：以下命令均在 Linux Bash 下实现。

（1）导出整个数据库中的数据到一个脚本。

```
mysqldump -uroot -p dp_db > dumpout.sql
```

- ❑ mysqldump 为命令。
- ❑ -u 为参数，root 为其参数值，即用户名。
- ❑ -p 为参数，表示密码。
- ❑ 参数值 dp_db 表示需要导出的数据库名称。
- ❑ dumpout.sql 表示存储导出的数据。

（2）导出数据库中某个表的数据。

```
mysqldump -uroot -p dbpasswd dbname test>db_test.sql
```

（3）把导出的数据 dumpout.sql 导入新的目标机器上。

① 在目标机器的数据库里建立新数据库，数据库名为 dp_db_bak，先使用命令 mysql -uroot -p 登录 MySQL 服务器，登录成功后命令行出现 mysql>的提示。

```
mysql> create database dp_db_bak
```

② 向 dp_db_bak 数据库导入数据。

```
mysql -uroot -p dp_db_bak < ~\dumpout.sql
```

③ 如果在导入导出数据的时候遇到文件太大而异常退出的情况，可使用 split/cat 来进行文件的分割和合并。

```
mysqldump -uroot -p dp_db | split -b 10m - tempfile
cat all_tempfile > targetfile
```

5.3.2 ETL 工具抽取

不同 DBMS 之间的差异较大，可以从是否开源，是否多操作系统的支持，是否提供多种语言连接操作的接口、体积、效率、安全、标准等方面对关系型数据库管理系统（DBMS）进行划分，即使同为关系型数据库，不同 DBMS 之间也是存在较大区别的。由于每种 DBMS 之间的 SQL 语法和变量类型也存在差异，所以每种 DBMS 的脚本都是专用的，在不同种类 DBMS 之间进行数据抽取便成为本节主要分析的内容。

既然无法直接通过 DBMS 进行迁移，从一个 DBMS 中把数据库迁移到另一个 DBMS 中，使用 ETL 工具明显是一个高效的选择。

例 5-8 从 MySQL 中把数据库迁移到 MS SQLServer。

（1）使用 Kettle 创建两种数据连接，一种针对 MySQL，另一种针

对 MS SQL Server，假定两种 DBMS 都安装在本地。MySQL 的数据库名为 world，假设抽取其中的 country 表，同理在 MS SQL Server 上需要创建一个同名数据库（数据库名字可以修改，为了保证数据抽取时的一致性，建议同名），并根据 MySQL 中 world 数据库中的 country 表字段创建新库的数据表，如图 5-30 和图 5-31 所示。

图 5-30　创建两个不同 DBMS 的数据源连接

图 5-31　设置 MS SQL Server 数据连接

（2）从"核心对象"树中选择"输入"，在其下选择"表输入"，并将其拖曳到工作区中，"数据库连接"选择 MySql_world，并写好相关的 SQL 语句。由于 country 表中数据较多，本例中使用 where 查找 Continent 为 Asia 的数据，如图 5-32 所示。

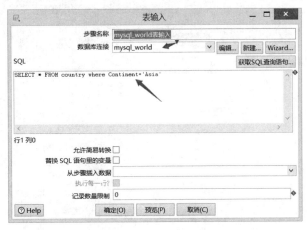

图 5-32　设置表输入

完成之后可以单击"预览"按钮查看 country 表中的数据是否成功从 MySQL 中抽取到表输入流中。

（3）从"核心对象"树中选择"转换"，在其下选择"字段选择"，并将其拖曳到工作区中，按住 Shift 键和鼠标左键从"表输入"拖曳连接线到"字段选择"，然后双击"字段选择"，设置需要显示在目标数据表中的字段，如图 5-33 所示。

#	字段名称	改名成	类型	长度	精度	Binary to Normal?	格式	Date Format L
1	Code		None	3		否		否
2	Name		None	52		否		否
3	Continent		None	13		否		否
4	Region		None	26		否		否
5	SurfaceArea		None	10	2	否		否
6	IndepYear		None	4	0	否		否
7	Population		None	9	0	否		否
8	LifeExpectancy		None	3	1	否		否
9	GNP		None	10	2	否		否
1..	GNPOld		None	10	2	否		否
1..	LocalName		None	45		否		否
1..	GovernmentForm		None	45		否		否
1..	HeadOfState		None	60		否		否
1..	Capital		None	9	0	否		否
1..	Code2		None	2		否		否

图 5-33　字段选择设置

（4）从"核心对象"树中选择"输出"，在其下选择"表输出"，并将其拖曳到工作区中，在按住 Shift 键的同时，按住鼠标左键从"字段选择"拉一根连接线到"表输出"。双击"表输出"，在表输出属性对话框中选择"数据库连接"为之前设置的 MS SQL Server 连接 world_mssql，"目标表"选择 country，选中"指定数据库字段"复选框。在"数据库字段"选项卡中单击"获取字段"按钮，由于输入表结构和输出表结构基本一致（部分数据类型不同），Kettle 会自动匹配输入流中的字段名和输出表中的字段，如图 5-34 所示。

图 5-34　表输出属性设置

（5）单击“运行”按钮，查看日志是否完成，提示表输出完成处理，Spoon 转换完成则表示从 MySQL 到 MS SQL Server 的数据抽取已经成功完成。通过 Visual Studio IDE 查看 MS SQL Server 的 world 数据库的 country 表，查询到所有亚洲国家的数据，如图 5-35 所示。

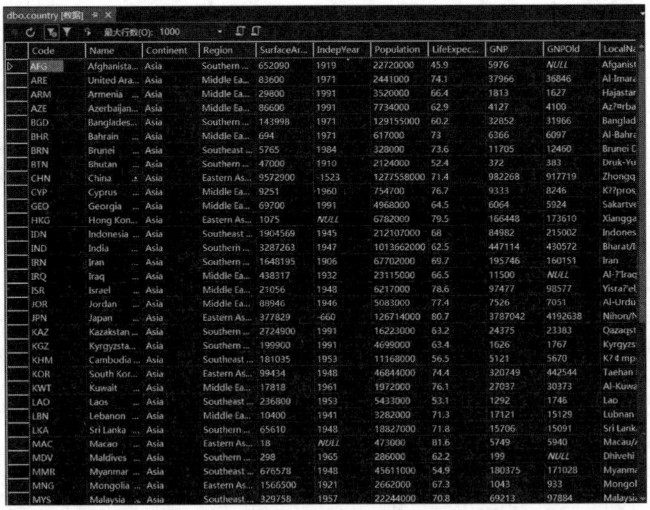

Code	Name	Continent	Region	SurfaceAr...	IndepYear	Population	LifeExpec...	GNP	GNPOld	LocalNa
AFG	Afghanista...	Asia	Southern ...	652090	1919	22720000	45.9	5976	NULL	Afganist
ARE	United Ara...	Asia	Middle Ea...	83600	1971	2441000	74.1	37966	36846	Al-Imara
ARM	Armenia ...	Asia	Middle Ea...	29800	1991	3520000	66.4	1813	1627	Hajastar
AZE	Azerbaijan...	Asia	Middle Ea...	86600	1991	7734000	62.9	4127	4100	Az?¤rba
BGD	Banglades...	Asia	Southern ...	143998	1971	129155000	60.2	32852	31966	Banglad
BHR	Bahrain ...	Asia	Middle Ea...	694	1971	617000	73	6366	6097	Al-Bahra
BRN	Brunei ...	Asia	Southeast ...	5765	1984	328000	73.6	11705	12460	Brunei D
BTN	Bhutan ...	Asia	Southern ...	47000	1910	2124000	52.4	372	383	Druk-Yu
CHN	China ...	Asia	Eastern As...	9572900	-1523	1277558000	71.4	982268	917719	Zhongq
CYP	Cyprus ...	Asia	Middle Ea...	9251	1960	754700	76.7	9333	8246	K??pros
GEO	Georgia ...	Asia	Middle Ea...	69700	1991	4968000	64.5	6064	5924	Sakartve
HKG	Hong Kon...	Asia	Eastern As...	1075	NULL	6782000	79.5	166448	173610	Xiangga
IDN	Indonesia ...	Asia	Southeast ...	1904569	1945	212107000	68	84982	215002	Indones
IND	India ...	Asia	Southern ...	3287263	1947	1013662000	62.5	447114	430572	Bharat/I
IRN	Iran ...	Asia	Southern ...	1648195	1906	67702000	69.7	195746	160151	Iran
IRQ	Iraq ...	Asia	Middle Ea...	438317	1932	23115000	66.5	11500	NULL	Al-?'Iraq
ISR	Israel ...	Asia	Middle Ea...	21056	1948	6217000	78.6	97477	98577	Yisra?'el
JOR	Jordan ...	Asia	Middle Ea...	88946	1946	5083000	77.4	7526	7051	Al-Urdu
JPN	Japan ...	Asia	Eastern As...	377829	-660	126714000	80.7	3787042	4192638	Nihon/N
KAZ	Kazakstan ...	Asia	Southern ...	2724900	1991	16223000	63.2	24375	23383	Qazaqst
KGZ	Kyrgyzsta...	Asia	Southern ...	199900	1991	4699000	63.4	1626	1767	Kyrgyzs
KHM	Cambodia ...	Asia	Southeast ...	181035	1953	11168000	56.5	5121	5670	K?¢mp
KOR	South Kor...	Asia	Eastern As...	99434	1948	46844000	74.4	320749	442544	Taehan
KWT	Kuwait ...	Asia	Middle Ea...	17818	1961	1972000	76.1	27037	30373	Al-Kuwa
LAO	Laos ...	Asia	Southeast ...	236800	1953	5433000	53.1	1292	1746	Lao
LBN	Lebanon ...	Asia	Middle Ea...	10400	1941	3282000	71.3	17121	15129	Lubnan
LKA	Sri Lanka ...	Asia	Southern ...	65610	1948	18827000	71.8	15706	15091	Sri Lank
MAC	Macao ...	Asia	Eastern As...	18	NULL	473000	81.6	5749	5940	Macau/
MDV	Maldives ...	Asia	Southern ...	298	1965	286000	62.2	199	NULL	Dhivehi
MMR	Myanmar ...	Asia	Southeast ...	676578	1948	45611000	54.9	180375	171028	Myanma
MNG	Mongolia ...	Asia	Eastern As...	1566500	1921	2662000	67.3	1043	933	Mongol
MYS	Malaysia ...	Asia	Southeast ...	329758	1957	22244000	70.8	69213	97884	Malaysi

图 5-35　从 MySQL world 数据库中抽取亚洲国家数据到 MS SQL Server

5.3.3　SQL 到 NoSQL 抽取

NoSQL（Not Only SQL），意即“不仅仅是 SQL”。NoSQL 是对不同于传统的关系型数据库的数据库管理系统的统称。

NoSQL 是一项全新的数据库革命性运动，早期就有人提出，发展至 2009 年趋势越发高涨。NoSQL 的拥护者们提倡运用非关系型的数据存储，相对于铺天盖地的关系型数据库运用，这一概念无疑是一种全新的思维的注入。

现如今的数据收集可以通过第三方平台，例如以 Google 为首的搜索引擎和类似 Facebook 的社交软件等，都可以很容易地访问和抓取数据。用户的个人信息、社交网络、地理位置、用户生成的数据和用户操作日志已经成倍地增加，这些类型的数据存储不需要固定的模式，传统的关系型 SQL 数据库已经不适合这些应用了，NoSQL 数据库却能很好地处理这些大的数据，如图 5-36 所示。

1. 从 SQL 到 MongoDB

MongoDB 是一个支持 NoSQL 的基于分布式文件存储的开源数据库系统。由 C++语言编写，在高负载的情况下，添加更多的节点，可以保证服务器性能。

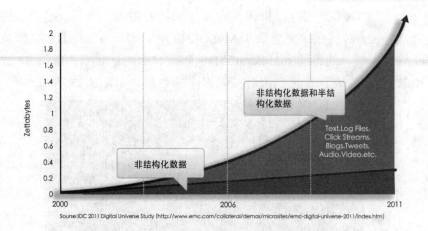

图 5-36　结构化数据和非结构化数据对比

MongoDB 将数据存储为一个文档，数据结构由键值对（key=>value）组成。MongoDB 文档类似于 JSON 对象。字段值可以包含其他文档、数组及文档数组，如图 5-37 所示。

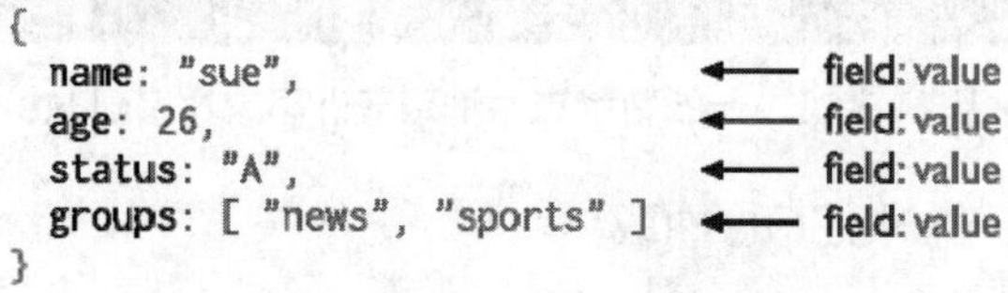

```
{
    name: "sue",              ←—— field: value
    age: 26,                  ←—— field: value
    status: "A",              ←—— field: value
    groups: [ "news", "sports" ]  ←—— field: value
}
```

图 5-37　MongoDB 的存储方式

例 5-9　把 MySQL 数据库迁移到 MongoDB 中，实现 SQL 到 NoSQL 的数据抽取。

（1）创建转化，创建 MySQL 的数据连接，从左边"核心对象"树中选择"输入"→"表输入"命令，在表输入属性页中指定数据库连接和 SQL 语句，如图 5-38 所示。

图 5-38　MySQL 数据表输入

单击"预览"按钮，如果数据连接和 SQL 脚本无误，显示内容如
图 5-39 所示。

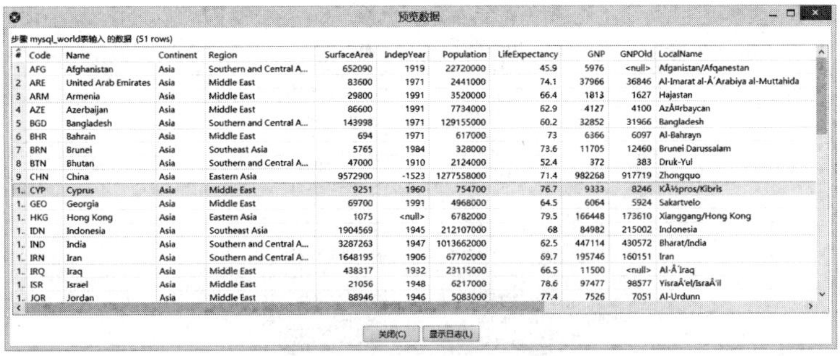

图 5-39 world 数据表预览

（2）从"核心对象"树中选择 Output，在其下选择 JSON Output，
拖曳到工作区，在按住 Shift 键的同时将鼠标左键从"表输入"移到 JSON
Output 拉出一根连接线。设置 JSON Output 属性，在"一般"选项卡中，
"操作"项设置为 Output Value，如图 5-40 所示。

图 5-40 JSON Output 一般选项页设置

进入"字段"选项卡，单击"获取字段"按钮，从表输入 MySql_world
表中抽取的数据字段被显示出来。可以通过鼠标左键选择对应的某一个
字段名，再右击，在展开的右键菜单中选择"删除选择行"命令，取消
该字段在 JSON Output 中的显示，这将导致后面的步骤无法获取该字
段，如图 5-41 所示。

（3）在"核心对象"树中选择 Big Data，在其下选择 MongoDB
Output，并将其拖曳到右侧工作区，并创建一个由 JSON Output 到
MongoDB Output 的连接。值得注意的是，和关系型数据库一样，使用
MongoDB 的输入输出，本地或者远程端需要安装 MongoDB 的数据库
服务器。

图 5-41　JSON Output 获取字段

双击 MongoDB Output 选项，在 Configure connection 选项卡中根据访问本地或远程端输入数据库服务器所在的主机名（Host name）或者 IP 地址，并提供对应的端口号，默认为 27017，如图 5-42 所示。

图 5-42　MongoDB Output 连接配置

在 Output options 选项卡中，在 Database 右侧的下拉列表中选择 Get DBs，在 Collection 右侧的下拉列表中选择 Get collections，获得对应的数据，也可以自行指定，如图 5-43 所示。

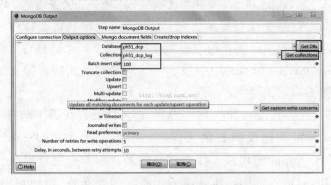

图 5-43　MongoDB 输入选项配置

（4）在 Mongo document fields 选项卡中选择 Get fields，获取从 JSON Output 中流入的字段。

（5）配置完成，运行转换，若提示成功，并且"日志"页出现 "MongoDB Output 完成处理"的提示，那么就证明已从 MySQL 中提取出数据，并已把数据写入 MongoDB，如图 5-44 所示。

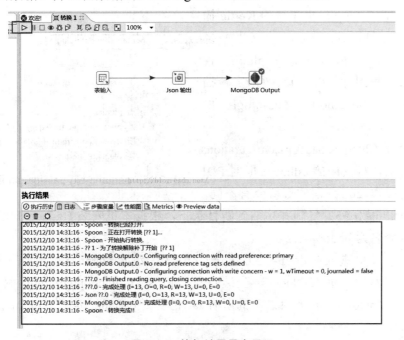

图 5-44　执行结果日志显示

2．从 SQL 到 HBase

HBase 名字的来源是 Hadoop database，即 Hadoop 数据库。

HBase 是一个分布式的、面向列的开源数据库，该技术来源于 Fay Chang 所撰写的 Google 论文——"Bigtable：一个结构化数据的分布式存储系统"（参见文末参考文献[11]）。HBase 是 Apache 的 Hadoop 项目的子项目。HBase 不同于一般的关系数据库，它是一个基于列模式的适合于非结构化数据存储的数据库。

HBase – Hadoop Database，是一个高可靠性、高性能、面向列、可伸缩的分布式存储系统，利用 HBase 技术可在廉价 PC Server 上搭建起大规模结构化存储集群。

注：

① 本节中使用的 Hadoop 版本为 2.20。鉴于 HBase 安装环境为 Linux，所以 PDI（Kettle）也需要在 Linux 环境下安装，并使用 spoon.sh

打开 Kettle 的图形用户界面。

② 本节中使用的 Kettle 路径用环境变量${data-integration}代替，该变量表示 Kettle 的安装路径。

例 5-10 在 Kettle 中配置 Hadoop 支持插件。

使用 Kettle 向 HBase 中导入数据，需要配置 PDI Hadoop 插件，即针对 Hadoop 提供支持的 Kettle 插件。

（1）进入 Kettle 的安装目录 ${data-integration}，在 plugins 目录下找到 Kettle 的大数据支持插件目录 pentaho-big-data-plugin，如图 5-45 所示。

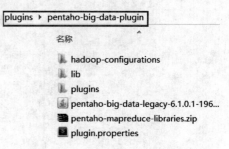

图 5-45   pentaho-big-data-plugin 目录

（2）进入 hadoop-configurations 目录，将其中的 cdh55（根据 PDI 的版本，cdh 后面的数值会有不同，PDI7.0 为 55）复制并粘贴到新目录下，根据本机安装 Hadoop 的版本，重命名为 hadoop-2.2.0。

（3）进入 hadoop-2.2.0/lib/client 目录，清除 client 目录下所有的 jar 包；然后，进入 Hadoop 安装目录，把 share/hadoop/common 目录和 hadoop/common/lib 目录下的所有 jar 包复制到 hadoop-2.2.0/lib/client 目录中。

（4）在 hadoop 的安装目录下找到 etc/hadoop，把所有的配置文件，包括 core-site.xml、hdfd-site.xml、mapred-site.xml、yarn-site.xml、slaves 等复制到 hadoop-2.2.0 目录下，如图 5-46 所示。

图 5-46   etc/hadoop 下的配置文件

PDI Hadoop 插件配置完成，根据 PDI 版本的不同，配置步骤和方式有一定的差异，读者们可以自行探索。

例 5-11 把 Oracle 数据库中的表抽取到 HBase 中。

（1）首先将 Oracle 数据库驱动程序放到$\{data-integration\}/lib 目录下。

（2）在$\{data-integration\}/plugins/pentaho-big-data-plugin/目录下用文本编辑器打开 plugin.properties 属性文件，找到 active.hadoop.configuration 属性，根据 Hadoop 的版本进行属性值的设置，以本节中 Hadoop 2.20 版为例，设置为：

```
active.hadoop.configuration=hadoop-2.2.0
```

或

```
active.hadoop.configuration=hdp22
```

（3）打开$\{data-integration\}/spoon.sh，新建转换，从左侧"核心对象"中选择"表输入"和 HBase Output，如图 5-47 所示。

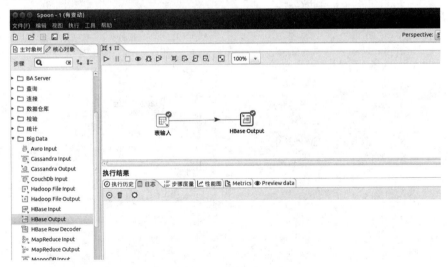

图 5-47　添加表输入和 HBase Output

（4）选择 Oracle 数据库连接，输入表查询语句，如图 5-48 所示。

（5）设置 HBase Output，在 Configure connection 选项卡中选择 Hadoop cluster→New 命令，进入 Hadoop cluster 的配置界面，如图 5-49 所示。

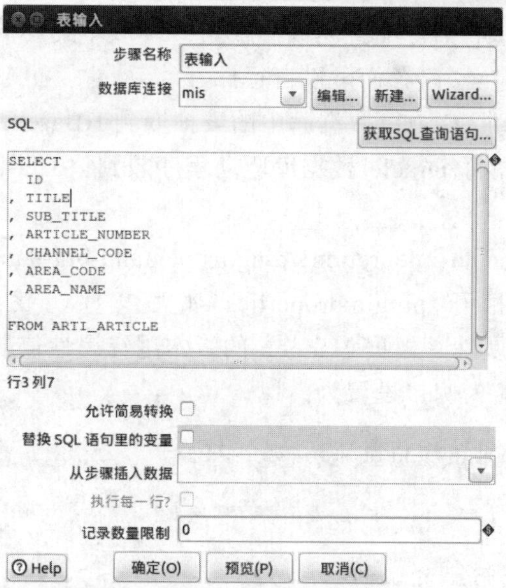

图 5-48 表输入设置

图 5-49 Hadoop cluster 配置

（6）在 Configure connection 选项卡中，URL to hbase-site.xml 选项选择 Hbase 下的配置文件 hbase-site.xml，单击 Get table names 按钮，可以获取 HBase 下的数据表名，如图 5-50 所示。

图 5-50 Configure connection 选项卡配置

（7）切换到 Create/Edit mapping 选项卡，配置字段转换规则。建议做数据映射时，将所有字段的类型转换为 String，防止关系型数据类型转换到 HBase 之后发生异常，其中 Column family 的值 info 表示 HBase 中 Article 表的列簇，如图 5-51 所示。

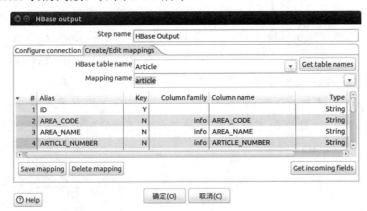

图 5-51 字段转化映射

（8）和之前所有转换一样，保存并运行，即完成从关系型 Orcale 数据库到 HBase 的数据抽取。

5.4 上机练习与实训

✵ 实训题目：增量数据抽取

实训原理

在实际应用中，增量数据抽取比全量数据抽取更加高效和普遍。增量数据抽取一般通过基于时间戳和标识字段两种方式来实现。

❑ 时间戳方式：在数据表中增加一个时间戳字段，以时间戳字段的值为依据，判断数据表中是否存在最新数据，然后把新增或是更新的数据抽取出来。

❑ 标识字段方式：在数据表中指定标识字段，类似自增长主键，增量抽取时先比对标识字段最大值，把大于最大值的数据抽取出来。

实训内容

通过时间戳方式把 MySQL 数据库中的 time_job 表中新增和修改数据增量抽取到 time_job_bak 表中。

实训指导

（1）在 MySQL 数据库中创建数据表 time_job 和备份表 time_job_bak，也可以直接在选定的数据表中添加 update_time 字段，实现时间戳增量抽取。

（2）time_job 和 time_job_bak 表结构相同，包含 uuid、create_time、update_time 3 个字段，默认情况下 create_time 和 update_time 值相同。

（3）在 Kettle 中设置数据连接，使用 Ctrl+N 快捷键新建一个转换，命名为"增量抽取源表生成"。从左侧"核心对象"导航栏中依次添加"生成随机数""获取系统信息""表输出" 3 个对象组件，如图 5-52 所示。核心对象组件可以在左侧导航栏的"步骤"框中输入关键字进行检索，如图 5-53 所示。

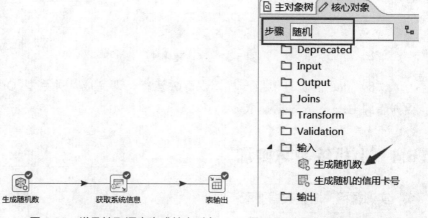

图 5-52　增量抽取源表生成核心对象　　图 5-53　通过关键字搜索核心对象

（4）"生成随机数"对象主要为了生成数据表的主键 uuid，在"生成随机值"属性中，"字段"项中的"类型"属性值就有一个 UUID 类型可以选择，直接随机生成 uuid 字段值，如图 5-54 所示。

（5）"获取系统信息"对象获取系统日期，为 time_job 表中
create_time 和 update_time 字段提供数据，和"生成随机值"对象类似，
"字段"项的"名称"属性需要手动输入，"类型"属性在下拉菜单中
选取，如图 5-55 所示。

图 5-54　生成随机值属性设置　　　图 5-55　获取系统信息属性设置

（6）"表输出"指定目标数据库和数据表，指定数据表字段，并
设置流和表字段的映射关系，设置方式和前面的示例一致，如图 5-56
所示。

图 5-56　表输出属性设置

（7）保存并运行转换，如果执行结果无异常表示执行成功。进入
MySQL WorkBench 可看出 time_job 表完成一次转换后的结果，如图 5-57
所示。

图 5-57　time_job 表的第一条记录

（8）作为增量数据抽取的源数据表，需要对该表添加更多的数据，
通过在 Kettle 中添加作业（Job）来实现持续向 time_job 表中添加记录。
作业作为包含多个转换的集合，让单次执行的转换成为持续或定时调度
运行的工作。通过 Ctrl+Alt+N 快捷键创建作业，保存命名为"生成增

量测试源表"，其中包含的作业核心对象和连接关系如图 5-58 所示。

图 5-58　"生成增量测试源表"作业核心组件

（9）在"核心对象"树中，选择"通用"在其下选择 START 组件，将其拖曳添加到右侧工作区，双击 START 进入属性设置，设置作业的调度方式，如图 5-59 所示。

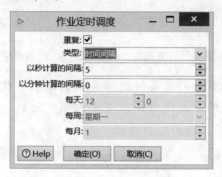

图 5-59　START 属性设置

（10）"转换"属性设置相对简单，在"转换文件名"中指定之前创建的转换文件"生成增量抽取源表.ktr"，指定后，在文本框中出现的内容以环境变量形式表示，如图 5-60 所示。

图 5-60　转换属性设置

（11）"写日志"的目的是为了记录每次作业的执行情况，各位读者可以自行查询 Kettle 中日志的创建，这里不再赘述。执行"生成增量测试源表"作业，Kettle 会根据 START 对象中设置的时间间隔，持续执行转换，向 time_job 表中添加数据，几分钟后单击 Stop the currently running job 停止该作业，然后查看数据表中的数据情况，如图 5-61 所示。

（12）临时新建一个转换，添加"表输入"和"表输出"，用"5.3.2 ETL 工具抽取"一节中所讲述的操作把 time_job 作为表输入，把 time_job_bak 作为表输出；把 time_job 中的数据全量抽取到 time_job_bak 表中。time_job_bak 表中的记录总数和 time_job 相同，如图 5-62 所示。

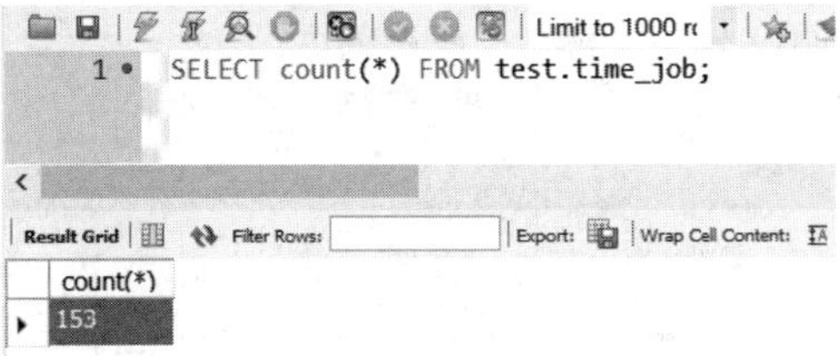

图 5-61　time_job 表中记录数

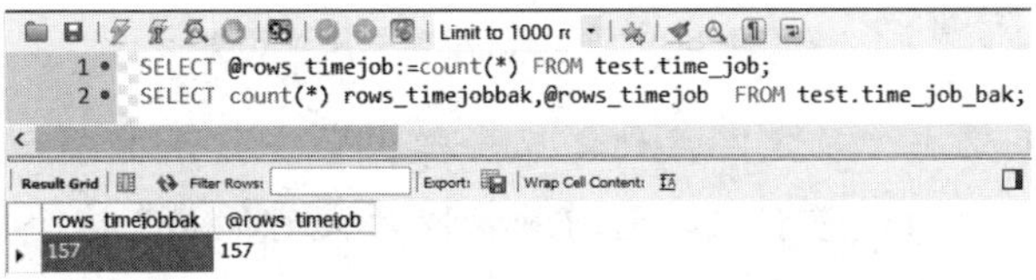

图 5-62　比较 time_job 和 time_job_bak 记录数

（13）新建转换，保存命名为"设置增量抽取最大时间戳"，在左侧"核心对象"树中选择"输入"→"表输入"，添加到右侧编辑区；再添加"作业"→"设置变量"；创建表输入和设置变量两个对象之间的连接，如图 5-63 所示。

获取最大更新时间　　　　　　设置最大更新变量

图 5-63　"设置增量抽取最大时间戳"转换包含对象

（14）把表输入更名为"获取最大更新时间"，选择数据连接，根据 time_job_bak 数据表获取 update_time 的最大值，并指定字段别名为 maxtime。SQL 语句为"select max(update_time) maxtime from time_job_bak"，如图 5-64 所示。单击"预览"按钮可以查看 time_job_bak 表中 update_time 中的最大值。

图 5-64　获取最大更新时间属性设置

（15）把"设置变量"重命名为"设置最大更新变量"，单击"获取字段"按钮，从表输入中获取 max(update_time)（别名 maxtime）字段值的信息，默认变量名是大写的字段名称。变量活动类型包含 4 种类型，分别是"Java 虚拟机有效""父作业有效""超父（爷爷）作业有效""根作业有效"，每种类型代表变量保存的范围，如图 5-65 所示。

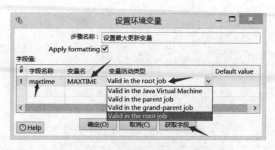

图 5-65　设置环境变量属性设置

（16）单击"确定"按钮之后会弹出警告提示框，如图 5-66 所示，说明当前设置的变量在"设置增量抽取最大时间戳"这个转换中无法使用，另一种替代方法是在作业的第一转换中使用"设置变量"对象。

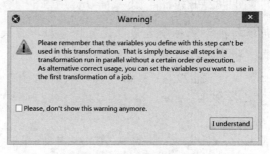

图 5-66　设置变量警告

（17）新建转化，保存命名为"增量抽取到目标表"，在编辑框中分别添加"获取变量""表输入""表输出" 3 个对象，并创建对象之间的连接，如图 5-67 所示。

图 5-67　"增量抽取到目标表"转换包含对象

（18）"获取变量"对象属性设置页中，根据第（15）步设置的变量名，输入名称 maxtime，变量设置为${MAXTIME}，表示把前一个转换中设置的变量 MAXTIME 取出到当前转换中，并更名为 maxtime，设置类型为 Date，制定格式为"yyyy/MM/dd HH:mm:ss.SSS"，默认选择"不去掉空格"，如图 5-68 所示。

图 5-68　获取变量属性设置

（19）在"表输入"对话框中指定数据库连接，SQL 语句如下：

```
SELECT 'time_job'. 'uuid',
`time_job'. 'create_time',
`time_job'. 'update_time'
FROM 'test'.'time_job'
where update_time>'${MAXTIME}'
```

选中"替换 SQL 语句里的变量"复选框，如图 5-69 所示。

图 5-69　根据时间戳从源表增量抽取数据

（20）在"表输出"对话框中指定数据库连接、目标表，并在"主选项"选项卡中选中"使用批量插入"复选框，如图 5-70 所示。

图 5-70　表输出属性设置

（21）创建作业，保存命名为"增量抽取测试作业"，添加 START 和两个转换。START 设置为"不需要定时"，转换 1 的转换设置属性选择"设置增量抽取最大时间戳"转换，并改名；转换 2 的转换设置属性选择"设置增量抽取目标表"转换，并改名，设置 3 个对象之间的连接，如图 5-71 所示。

图 5-71 "增量抽取测试作业"包含对象

（22）打开"生成增量测试源表"作业并运行，1 分钟左右停止作业。查看 MySQL 数据的 time_job 表，新增 17 条记录，如图 5-72 所示。

图 5-72 在源表中新增 17 条记录

（23）执行"增量抽取测试作业"，在"执行结果"中查看"作业量度"选项页，显示当前作业的执行情况，如图 5-73 所示。

任务 / 任务条目	注释	结果	原因	文件名	数量	
增量抽取测试						
任务: 增量抽取测试	开始执行任务		开始			2017/08/1
START	开始执行任务		开始			2017/08/1
START	任务执行完毕	成功			0	2017/08/1
设置增量抽取最大时间	开始执行任务		Followed无条件...	F:\iLearns\bigdata\设置增量抽取最大时间戳		2017/08/18 00:01:0
设置增量抽取最大时间	任务执行完毕	成功		F:\iLearns\bigdata\设置增量抽取最大时间戳	1	2017/08/1
设置增量抽取目标表	开始执行任务		Followed link aft...	F:\iLearns\bigdata\增量抽取到目标表.ktr		2017/08/1
设置增量抽取目标表	任务执行完毕	成功		F:\iLearns\bigdata\增量抽取到目标表.ktr	2	2017/08/1
任务: 增量抽取测试	任务执行完毕	成功	完成		2	2017/08/1

图 5-73 作业成功完成

（24）查看"执行结果"中的"日志"选项卡，在其中可以查看 Kettle 当前作业表输入和表输出处理的记录条数，如图 5-74 所示。其中，I 表示输入记录数，O 表示输出记录数，R 表示读取记录数，W 表示写入记录数。

由此可以得出结论，Kettle 通过作业从 time_job 表中抽取 17 条记录，写入 time_job_bak 表中，实现了基于时间戳方式的增量数据抽取。

图 5-74　查看作业执行日志

（25）在 MySQL WorkBench 中通过第（12）步的 SQL 语句比较 time_job 表和 time_job_bak 表，两个表中的记录数相同，如图 5-75 所示。

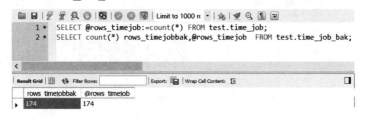

图 5-75　源表和目标表记录数相同

至此，基于时间戳方式的增量数据抽取操作完成。本例相对简单，只考虑了大于时间戳的新增操作，没有考虑更新，读者可以根据实际情况修改转换中的 SQL 语句实现复杂的增量抽取操作。

5.5　习题

1. 简述制表符文件和普通文本文件的区别。

2. 解决 CSV 文件转换为 Excel 表格时乱码的问题。

3. 从和风天气 https://www.heweather.com/documents/api/v5/weather 中，使用免费用户链接 https://free-api.heweather.com/v5/weather?city=yourcity&key=yourkey，把返回的 JSON 天气数据保存到 MySQL 数据库中。

4. 把 MySQL 一个数据库下的所有数据表全部迁移到 MS SQL Server 的同名数据库下，建议只用 Kettle 的一个转换来实现。

5. XML 数据解析有两种不同方式，使用速度快的那种方式解析一个 XML 文件。

第 6 章

数据转换与加载

由于数据量的不断增加，信息化系统的不断完善，在大数据时代的背景下，为了更好地满足数据集成、数据共享、数据分析等多方面的需求，通常人们会把多个数据集整合到一起，此时就需要 ETL。ETL 中的 T 代表转换（Transform），但实际上，这个阶段还需要数据清洗和数据质量，只有针对满足数据标准的干净数据进行加载、存储、分析和应用，才最有意义。

通过本章数据清洗转换、数据质量评估以及数据载入等知识的学习，能够增进对数据转换和数据载入知识的进一步认识，掌握数据清洗、数据检验、数据转换、数据审计、数据加载等环节的基本应用方法。

6.1 数据清洗转换

数据清洗属于数据质量的一部分，而数据质量又属于数据管理的范畴。数据质量问题的根本在于数据源所在的业务系统，因为各业务系统在建设过程中可能存在数据标准不统一、DBMS 的差异、业务需求的差异等问题，导致业务系统中的数据存在不能满足目标系统的需求的问题，故而对目标系统而言，存在"脏"数据。ETL 在解决数据从源端流向目标的过程，由于源端业务系统需要满足自我的业务需求，故建议不针对源端系统中的数据直接进行清洗，由此可见，数据清洗可以发生在数据抽取后，允许对数据在转换前后进行数据清洗，也可以在目标端系统中进行清洗。若放到数据下游也就是目标端系统中进行清洗，势必增大目标端系统的数据处理量，因此可采取在 ETL 环节中对数据进行清洗的方式。

6.1.1　数据清洗

在进行数据清洗之前，首先需要确定清洗数据的规模，常规应用环境下，可采取 RDBMS 承载数据，例如采取 MySQL 作为数据清洗的环境。对于大数据分析，数据清洗可以采取文本存储。另外，需要目标端数据的元数据描述和数据标准，以便更加容易地了解数据。在具备以上前提后，即可进行"脏"数据的清洗。

1. 缺失值清洗

在各类数据源系统中，缺失值的问题时常发生，在一定程度上，造成缺失值的原因在于系统的不完备性和故障。具体原因较多，主要分为系统原因和人为原因。系统原因又分设备机械原因和软件系统原因。

- ❑ 设备机械原因是由于机械原因导致的数据收集或保存的失败造成的数据缺失，比如数据存储失败、磁盘损坏、设备故障等导致某段时间数据未能收集信息，某存储设备因意外断电，出现存储中缓存数据丢失而导致信息丢失。
- ❑ 软件系统原因为软件系统的完备性或扩展性缺陷，例如信息部分无法获取分享，部分重要数据用户采集时系统存在不足，未能正常采集等。

人为原因是由于人的主观失误、历史局限或有意隐瞒造成的数据缺失，比如，采集信息时错误录入、漏填、乱填数据等。缺失值是最常见的数据问题，处理缺失值的方法较多，建议按以下步骤进行操作：

（1）确定范围

计算源端数据中字段缺失值比例，之后根据缺失率和重要性分别制定策略。对于重要性高和缺失率高的数据，可采取数据从其他渠道补全、使用其他字段计算获取和去掉字段，并在结果中制定策略进行清洗，例如员工信息中部分人员的年龄丢失，但记录了该员工的身份证信息，可通过获取身份证号计算得到员工年龄；对于重要性高但缺失率较低的数据，可采取计算填充、经验或业务知识估计等策略进行清洗，例如某学生的性别丢失，可通过这名学生的姓名和照片进行经验估计；对于重要性低、缺失率高的数据，可采取去除该字段的策略进行清洗，例如员工信息中的曾用名，对目标应用作用较小，故可以直接去除该字段内容，不做转换处理；对于重要性低且缺失率低的数据，可以不做处理。缺失值清洗策略如图 6-1 所示。

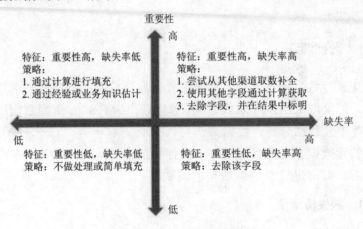

重要性

高

特征：重要性高，缺失率低
策略：
1. 通过计算进行填充
2. 通过经验或业务知识估计

特征：重要性高，缺失率高
策略：
1. 尝试从其他渠道取数补全
2. 使用其他字段通过计算获取
3. 去除字段，并在结果中标明

缺失率

低   高

特征：重要性低，缺失率低
策略：不做处理或简单填充

特征：重要性低，缺失率高
策略：去除该字段

低

图 6-1　缺失值清洗策略图

（2）去除重要性低的字段

重要性低的字段，且缺失严重，可以采取将数据抽取的结果放入一中间临时库中，在数据清洗之前，先备份临时库数据，然后直接删除不需要的字段。

（3）填充缺失内容

某些缺失值补齐采取一定的值去填充缺失项，从而使数据完备化。通常基于统计学原理，根据决策表中其余对象取值的分布情况来对一个空值进行填充，例如用其属性的平均值来进行补充等。具体的补齐方法如下。

① 人工填写。最了解数据内容的应该是用户，采取用户人工填写补齐的方法产生的数据偏离最小，可能是填充效果最好的一种。然而该方法因数据规模的增大，将使得人工补齐成本较高。例如，某单位未采取人事管理系统进行员工管理，日常仅采取 Excel 电子表格进行人员基本信息管理，当前该单位考虑实际发展所需，上线使用人事管理系统，该单位员工有 2000 人，在导入 Excel 数据源之后，大量员工信息的完善需要采取人工补齐的方式进行。

② 不同指标的计算结果填充。在很多业务数据中，数据项与数据项之间存在一定的逻辑联系，在填充数据时，采取一定的列拆分、列计算，能够得到缺失内容。例如某单位的销售订单管理系统中，对于销售订单的编码采取 8 位日期加上 4 位流水号规则组成，当该订单的下单日期丢失时，可快速通过订单的前 8 位还原下单日期。

③ 同一指标的计算结果填充。在数据挖掘分析中，某一重要数据

存在丢失，因该数据对分析结果产生重要影响，故可采取均值、中位数、众数等方式进行填充。

④ 重新取数。某些指标非常重要又缺失率高，且存在其他数据源可以获取，可采取重新抽取不同数据源的数据进行关联对比清洗。例如，某高校人事管理系统中记录了教师的科研信息，但存在部分数据的丢失，则可以考虑将数据源的获取范围到科研管理系统，通过科研管理系统数据源和人事数据进行综合比对完善缺失数据。

2. 格式内容清洗

数据源系统若为业务系统，则该系统的数据通常由用户填写，在用户填写数据的过程中，存在全角输入、半角输入、空格符号、错误字段格式等错误。同时，也存在不同业务系统间由于标准不统一、编码方式的差异等导致的内容清洗问题。具体格式内容清洗如下。

（1）时间日期格式清洗

当采取多个源端整合数据时，因源端系统的不够严谨，采取了字符串类型作为数据的存储类型，可能在不同的源中存储日期、时间的格式不一，导致数据多源抽取到临时表后存在不同的日期格式，从而导致目标系统无法应用。例如，在源端 A 系统中，日期时间采取"20140409 11:00:12 PM"形式保存，源端 B 系统中，日期时间格式为"2015-05-27 12.0:24.0:20.0"，而在源端 C 系统中，日期时间格式为"2015 01 31 09:00:00:000 PM"，针对不同源端日期格式的不统一形式，可以在抽取时用 select case 的组合进行处理，完成格式转换。以 Oracle 为例，可采取以下语句进行格式转换输出：

```
select
CASE WHEN 条件 1 THEN
  处理方式 1
     WHEN 条件 2 THEN
  处理方式 2
ELSE
  处理方式 3
END 命名 from 源端表;
```

例如：

```
SELECT
ID ID,
CASE WHEN DATE_TIME LIKE '%-%-%' THEN
       TO_DATE(REPLACE(DATE_TIME,'.0',''),'YYYY-MM-DD HH24:MI:SS')
 WHEN DATE_TIME LIKE '% % % %:%:%:%' THEN
```

```
    TO_DATE(REPLACE(DATE_TIME,':000',''),'yyyy mm dd
    HH:MI:SS AM','NLS_DATE_LANGUAGE=American')
ELSE
    TO_DATE(DATE_TIME,'yyyy mm dd HH:MI:SS AM',
'NLS_DATE_LANGUAGE=American')
END
RESULT_TIME
FROM 远端表;
```

（2）全角和半角清洗

全角指一个字符占用两个标准字符位置，半角指一字符占用一个标准的字符位置。在数据采集时，时常因输入法设置问题，将字母或者数字输入存储为全角格式。故在对数据进行 ETL 操作时，需要进行全角和半角转换。

针对 Oracle 数据库，系统提供 to_single_byte()函数和 to_multi_byte()函数进行全角和半角转换，将全角转换为半角示例如图 6-2 所示。

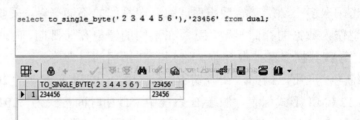

图 6-2　Oracle 全角转半角

MySQL 没有系统内置的函数，在进行转换时，可采取编写自定义函数的方式解决，其全角和半角转换的函数如下：

```
CREATE FUNCTION `csdn`.`func_convert`(p_str VARCHAR(200),flag INT)
RETURNS VARCHAR(200)
BEGIN
    DECLARE pat VARCHAR(8);
    DECLARE step INT;
    DECLARE i INT;
    DECLARE spc INT;
    DECLARE str VARCHAR(200);

    SET str=p_str;
    IF   flag=0 THEN   /**全角换算半角*/
        SET pat= N'%[! -～]%' ;
        SET step=-65248 ;
        SET str = REPLACE(str,N'　',N'  ');
    ELSE    /**半角换算全角*/
        SET   pat= N'%[!-~]%' ;
```

```
        SET    step= 65248;
        SET str= REPLACE(str,N'　',N' ') ;
    END IF;
    SET i=LOCATE(pat,str) ;
    loop1:WHILE i>0   DO
/**开始将全角转换成半角*/
        SET str= REPLACE(str, SUBSTRING(str,i,1), CHAR(UNICODE
(SUBSTRING(str,i,1))+step));
        SET    i=INSTR(str,pat);
    END WHILE loop1;
    RETURN(str)
END
```

MS SQL Server 自定义全角和半角转换的函数如下：

```
CREATE FUNCTION 'test'.'u_convert'(@str NVARCHAR(4000),@flag BIT )
RETURNS    NVARCHAR
BEGIN
    DECLARE      @pat NVARCHAR(8);
    DECLARE      @step   INTEGER;
    DECLARE      @i   INTEGER;
    DECLARE      @spc    INTEGER;
    IF   @flag=0
      BEGIN
        SELECT    N'%[！ -～]%' INTO @pat;
        SELECT    -65248   INTO   @step;
        SELECT    REPLACE(@str,N'　',N' ') INTO @str;
      END
      ELSE
      BEGIN
        SELECT    N'%[!-~]%' INTO @pat;
        SELECT    65248   INTO   @step;
        SELECT    REPLACE(@str,N' ',N'　') INTO @str;
      END
    SELECT patindex(@pat COLLATE LATIN1_GENERAL_BIN,@str) INTO @i;
    WHILE    @i>0   DO
        SELECT REPLACE(@str, SUBSTRING(@str,@i,1),
NCHAR(UNICODE(SUBSTRING(@str,@i,1))+@step)) INTO @str;
        SELECT patindex(@pat COLLATE LATIN1_GENERAL_BIN,@str)
INTO @i;
    END WHILE
    RETURN(@str)
END
```

（3）不应有的字符

在源端系统中，数据采集时因人为原因可能存在一些数据不应有的字符，例如身份证号码出现非数字 X 的情况，中国人的姓名出现西文字符、阿拉伯数字等情况。此类问题的解决需要采取半自动+人工方式相结合进行清洗。

（4）内容与字段不匹配

源端系统同样存在数据与该数据的字段表达意义不符的现象，该类问题主要来源于源端业务系统的缺陷。例如，姓名字段的内容填写了员工号，身份证登记成了手机等，这类问题不能简单地执行删除操作，可能需要采取加入更多的数据源进行数据关联，以达到正确清洗的目的。

3. 逻辑错误清洗

逻辑错误的清洗是利用逻辑规则对潜在的"脏"数据进行清洗，主要对数据进行排重、对不合理数据及矛盾数据进行清洗。

（1）排重清洗

数据排重是指在数据中查找和删除重复内容，而不会影响其保真度或完整性。数据排重需要技巧，首先一定要有信息去识别一条数据的唯一性，也就是类似数据库中的主键，如果唯一性都无法识别，排重也就无所依据。

对于现实世界中的一个实体，数据库或数据仓库中应该只有一条与之对应的记录。但数据录入不正确、数据本身不完整、数据缩写，以及在数据集成过程中，不同数据库之间对数据表示的差异或者因人为差异导致集成后的数据库中同一实体对应多条记录等各种原因，使得数据源中存在大量不一致的、重复的记录，这些记录可能导致建立错误的数据挖掘模型，给后期数据的决策分析带来很大影响。例如在员工信息中，存在员工姓名"张三"和"张 三"两条数据，对于此类数据，需要判定是否属于同一员工信息，若属于，则需要进行数据合并处理。另外在供应商管理中，针对供应商名称为"ABC 管家有限公司"和"ABC 官家有限公司"，此类数据的识别判定，需要采取人工方式完成清洗。

（2）去除不合理值

不合理数据指在业务系统中收录的部分数据存在不合理性，例如一个大学生的实际年龄不能为 5 岁。一个员工的年龄也不可能超过 200 岁，QQ 信息上好友的年龄为 0 岁等，导致此类问题的原因可能是业务系统操作失误，也有可能是用户为进行信息隐藏而故意错填数据。对于不合理的数据，在数据采集时，若该数据不是很重要，建议直接删除，否则需要进行人工干预或者引入更多的数据源进行关联识别。

（3）修正矛盾内容

源端系统在提供数据时，存在部分信息可以相互验证的校验，例如，在某教务系统中，教师任课的编号由"学期＋教工号＋课程代码＋序号"构成，则该号码能够有效地验证当前教师任课信息中的学期信息、教师信息、课程信息等。同理，身份证号码也能够有效验证当前人员的出生年月，从而能够推算该人员的年龄。

源端数据存在矛盾且可以利用规则判定的情况，能够通过 ETL 工具的规则设置进行查找发现"脏"数据，从而达到更加容易清洗的目的。

6.1.2 数据检验

数据检验是在数据清洗转换过程中，通过对转换的数据项增加验证约束，实现对数据转换过程的有效性验证。可能存在的数据验证方法有数据项规则设置、数据类型检验、正则表达式约束检验、查询表检验等。对数据执行检验后，ETL 工具提供验证结果的输出。

在 Kettle 中，可以在数据转换过程中增加"数据检验"（Data Validator）步骤来完成数据的有效性校验。

1. 设置检验规则

打开 Kettle，针对需要验证的数据项，进行设置验证规则并创建规则。在"数据检验"的属性设置界面中单击"增加检验"按钮，为当前需要验证的数据项添加相应的检验规则，如图 6-3 所示。

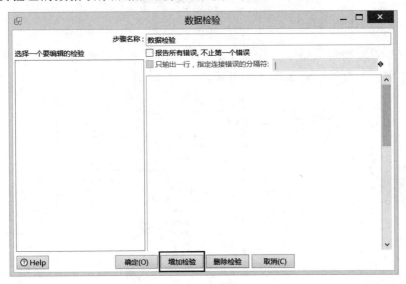

图 6-3　增加检验

在输入唯一的检验名称之后，在右侧的检验规则设置中设置"要检验的字段名""错误代码""错误描述"项，并对检验的选项卡"类型"和"数据"中具体的检验项进行设定，如图 6-4 所示。

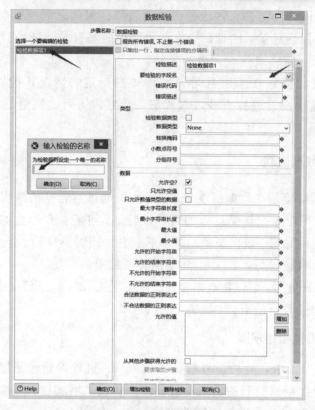

图6-4　详细设置检验数据项

2．NULL 验证

若需要对数据项进行非空验证，仅需要在验证规则中取消选中"允许空？"复选框，如图 6-5 所示。

图6-5　数据项非空验证

3. 日期类型验证

在"数据检验"界面中，若当前字段为日期类型，可以设置输入日期的格式来对输入的日期类型进行数据检验。值得注意的是，如果输入数据没有指定日期格式，Kettle 会使用默认的系统日期格式，一般情况下系统的默认格式为 yyyy/MM/dd。当输入日期格式采取默认的 yyyy/MM/dd 格式，而在验证界面中指定"数据类型"为 Date，"转换掩码"为 yyyy-MM-dd 时，Kettle 就会抛出异常，如图 6-6 所示。

数据检验.0 - birth String : couldn't convert string [1995/05/05] to a date using format [yyyy-MM-dd] on offset location 4

图 6-6 日期格式转换异常

例 6-1 对出生日期进行格式和限定值检验，满足日期格式为 yyyy/MM/dd，最小值为 1995/05/05。

（1）设置常量数据源。在"核心对象"树中选择"输入"→"自定义常量数据"选项，并设置"元数据"选项卡属性，如图 6-7 所示。

图 6-7 设置自定义常量元数据

（2）根据指定的元数据，设置"数据"选项卡属性，如图 6-8 所示。

#	id	name	age	stature	address	birth
1	1	a	13	1.21	sh	1995/05/05
2	2	b	15	1.31	cd	1996/05/05
3	3	c	17	1.52	gz	1997/05/05
4	4	d	18	1.68	hz	1998/05/5
5	5	e	20	1.87	bj	1999/05/5
6	6	f	25	1.75	hk	1995/05/06
7	7	g	30	1.77	tj	1997/05/5
8	8	h	40	1.65	sy	1998/05/5

步骤名称 Data Grid

图 6-8 设置自定义常量数据

（3）从"核心对象"树中选择"检验"→"数据检验"选项，并创建从自定义常量数据 Data Grid 到"数据检验"的连接。在数据检验属性设置中增加检验，根据需要检验的字段 birth 命名为 birth validator，

指定"要检验的字段名"为 birth，自定义"错误代码"为 DT，指定
"错误描述"为 Invalid date；同时指定"类型"和"数据"中的内容，
如图 6-9 所示。

图 6-9　设置 birth validator 检验

（4）从"核心对象"树"流程"中拖出两个"空操作"，分别命名
为"检验通过"和"错误收集"，并从"数据检验"对象中通过"分发"
方式设置"主输出步骤"连接"检验通过"，"错误处理步骤"连接"collect
error rows（检验出错）"，如图 6-10 所示。

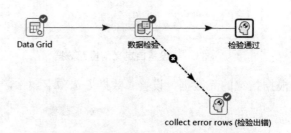

图 6-10　数据检验分发正确和错误步骤

（5）单击"运行这个转换"按钮，由于"数据检验"中的设置和
常量数据源的数据一致，所以选中"检验通过"对象，在"执行结果"
对话框中的 Preview data 中可以看到 Data Grid 中的数据全部显示出来，
如图 6-11 所示。

（6）把"数据检验"中的"数据"中"最小值"改为"1995/05/06"，
由于数据源中包含比检验的最小值更小的数据，则该数据检验会把出错
信息发送到"检验出错"中，如图 6-12 所示。

执行结果

#	id	name	age	stature	address	birth
1	2	b	15	1.31	cd	1996/05/05
2	3	c	17	1.52	gz	1997/05/05
3	4	d	18	1.68	hz	1998/05/05
4	5	e	20	1.87	bj	1999/05/05
5	6	f	25	1.75	hk	1995/05/06
6	7	g	30	1.77	tj	1997/05/05
7	8	h	40	1.65	sy	1998/05/05

图 6-11　检验通过执行结果

执行结果

#	id	name	age	stature	address	birth
1	1	a	13	1.21	sh	1995/05/05

图 6-12　检验出错数据收集

（7）值得一提的是，如果没有在"数据检验"对象后添加"错误处理步骤"的操作，整个转换就会在执行"数据检验"步骤时报错，错误信息正是之前设置的"错误代码"和"错误描述"。

4．数字验证

针对数字类型的数据项，可以对数字的范围进行验证，和"日期类型验证"一致，把"数据检验""类型"选项卡中的"数据类型"根据数据源中的数据类型指定为 Number、Integer、BigNumber 中对应的一项即可，如图 6-13 所示。

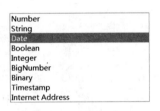

图 6-13　数据类型设置

5．正则表达式验证

和所有支持正则表达式的程序一样，Kettle 也可以使用正则表达式来对数据进行相关操作。Kettle 通过 JDK 提供的用正则表达式进行文本处理的 Java 规范需求（Specification Request）来实现正则表达式。具体关于正则表达式的详细阐述，请读者查阅相关教程或文章，本书不再赘述。

数据检验的属性设置，可以根据检验的数据项，进行正则表达式的设置，指定"合法的数据正则表达式"和"不合法的数据正则表达式"。

例 6-2　对数据源的数据项进行正则验证。

（1）设置"自定义常量数据"，数据内容如图 6-14 所示。

#	customerid	studio	checkin	checkout
1	ID_sokrates	stoa	2010-08-21	2010-08-21 19:22:34
2	ID_aristotle	gardens	2010-08-21 14:33:12	2010-08-21 18:12:02
3	ID_pythagoras	stoa	2010-08-21 17:27:48	2010-08-21
4	ID_pythagoras	stoa	2010-08-21 17:27:48	2010-08-21 +02:00
5	ID_sokrates	gardens	2010-08-21 23:00:02	2010-08-21 23:56:59
6	unknown	stoa	2010-08-21 12:00:00	2010-08-21 12:40:00
7	ID_plato	stoa	2010-08-21 05:32:22	2010-08-21 02:12:03
8	ID_diogenes	<null>	2010-08-21 06:45:25	2010-08-21 09:29:23
9	ID_diogenes	stoa	2010-08-21 15:25:29	2010-08-21 19:00:41

图 6-14   自定义常量数据源

（2）在"数据检验"中增加 verify_customer_id 的检验项，对 customerid 字段进行检验。由于所有的 id 字段值均以"ID_"开头，所以合法数据的正则表达式指定为"ID_.*"，其中"."在正则表达式中代表一个字符，而"*"表示匹配的次数为 0 次或多次，如图 6-15 所示。

图 6-15   数据检验中设置正则表达式

（3）分别连接"主输出步骤"和"错误处理步骤"到两个空操作，运行该转换，从"执行结果"的 Preview data 选项卡中查看正则表达式验证之后的数据内容。

6.1.3　错误处理

数据错误是指数据在转换过程中出现数据丢失、数据失效和数据的完整性被破坏等问题。数据出现错误的原因五花八门，有存储设备的损坏、电磁干扰、错误的操作、硬件的故障等。造成的后果就是会增加大量无用数据甚至会造成系统瘫痪。因此，人们采取各种手段对数据转换进行优化，尽可能避免错误产生。

1．转换过程错误

在设计 ETL 过程中，存在一些设计未对转换过程进行错误处理，进而造成 ETL 执行完成后，目标端的数据未能按照约定数据标准进行组织存储，从而导致"脏"数据进入目标端。转换过程错误是在执行 ETL 过程中发生的转换错误，该错误一旦发生，应该进入错误处理环节，终止 ETL 转换，保证进入目标系统的数据干净可靠。

在 Kettle 中，可以针对作业的每个转换环节增加一个转换过程的处理作业项，这样，转换中任意环节出错都能够进入转换过程处理作业项，返回一个错误的消息信号。这种错误的消息信号，最简单的则是"中止作业"，当某一个转换遇到错误，就直接转入对应的"中止作业"步骤，如图 6-16 所示。

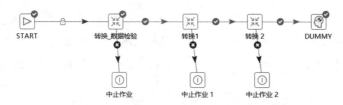

图 6-16 为每个转换添加一个错误处理项

除了中止作业之外，Kettle 还提供了更为细化的错误处理方式，如"写日志""定义错误处理""空操作"等，其中"定义错误处理"是部分对象右键快捷菜单提供的功能。

例 6-3 设置"定义错误处理"作为错误处理方式。

（1）增加"Excel 输出"，重命名为"Excel 错误输出"。

（2）在"表输出"步骤上通过右键快捷菜单选择"定义错误处理"命令（如图 6-17 所示），打开"步骤错误处理设置"对话框。

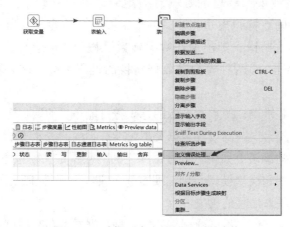

图 6-17 选择"定义错误处理"命令

（3）设置"步骤错误处理设置"对话框的参数，指定"目标步骤"为"Excel 错误输出"，并选中"启用错误处理？"复选框，指定相关的错误字段值，如图 6-18 所示。

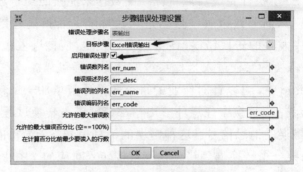

图 6-18 步骤错误处理设置

（4）指定了 Excel 错误输出后，表输出中遇到的错误就会直接转存到 Excel 输出，除了在"步骤错误处理设置"中指定的字段名之外，表输出中的字段名也会一并加入 Excel 输出中，如图 6-19 所示。

图 6-19 为表输出添加定义错误处理

2. 转换数据错误

所谓数据转换，从计算机审计的需求来讲，主要包括两个方面的内容：一是将被审计单位的数据有效地装载到审计软件所操纵的数据库中；二是明确地标识出每张表、每个字段的具体含义及其相互之间的关系。而转换数据错误则出现在数据转换过程中，要想实现严格的等价转换是比较困难的。两种模型在数据转换的过程中会出现各种语法和语义上的错误。

- ❑ 命名错误：源端数据源的标识符可能是目的数据源中的保留字。
- ❑ 格式错误：同一种数据类型可能有不同的表示方法和语义差异。
- ❑ 结构错误：如果两种数据库之间的数据定义模型不同，如为关系模型和层次模型，则需要重新定义实体属性和联系，以防止属性或联系信息的丢失。
- ❑ 类型错误：不同数据库的同一种数据类型存在精度之间的差异。

对于以上数据转换中的错误，可进行相应的处理。

- 对于命名错误，可以先检查数据源中的保留字，建立保留字集合，对于保留字中的命名冲突，根据需要重新命名。
- 对于格式错误，可以从数据源的驱动程序中取出相对应的数据源的数据类型后，对一些特定的类型进行特殊的处理。
- 对于不同数据库的同一数据类型的精度冲突，类型转换中将类型和精度结合起来决定源端数据类型和目标数据类型的映射关系。找出目的数据源中与源端数据源类型的精度最匹配的数据类型作为默认的映射关系。

转换过程中的数据类型匹配，日期型数据最好先转换成字符型，然后根据不同的目标数据源分别做不同的处理。

3．数据错误

数据错误是数据工作者需要注意的指标之一，因为数据错误能导致完全错误的分析结果。处理数据错误的方法取决于错误出现的原因。

- 数据输入错误：人工在数据收集、记录、输入造成的错误，可能会成为数据中的异常值。
- 测量误差：当使用错误的测量仪器测量时，通常会出现异常值。
- 数据处理错误：当进行数据分析时，错误的数据处理操作可能会造成异常值。

4．错误处理

针对数据错误的处理方法是在转换环节增加数据检验，在执行数据检验过程中，当检验错误发生时，可以采取如下方法进行错误处理：

- 删除错误数据：如果数据错误是由于数据输入错误、数据处理错误或数据错误数目很少造成的，可以采取直接删除错误数据的方式处理。
- 错误数据替换：类似于替换缺失值，我们也可以替换错误数据。可以使用均值、中位数、众数替换方法。
- 分离对待：如果数据错误的数目比较多，在统计模型中我们应该对它们分别处理。一个处理方法是异常值一组，正常值一组，然后分别建立模型，最后对结果进行合并。

在 Kettle 中，在"数据检验"步骤可以选中"报告所有错误，不止第一个错误"和"只输出一行，指定连接错误的分隔符"复选框来记录数据检验错误，具体操作如图 6-20 所示。

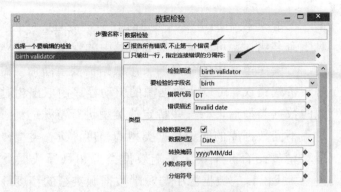

图 6-20　记录数据校验错误

Kettle 在错误处理之前，需要先启动错误处理，即"定义错误处理"。"定义错误处理"的实现方式在例 6-3 中有详细的阐述。在"数据检验"步骤上右击，在弹出的快捷菜单中选择"定义错误处理"命令，在打开的"步骤错误处理设置"对话框中指定错误发生后的处理操作，如图 6-21 所示。

图 6-21　定义错误处理

在定义错误处理页面中，可定义错误字段名、错误描述列名、错误列的列名、错误编码列名、允许的最大错误数、允许的最大错误百分比和在计算百分比前最少要读入的行数等参数。

步骤错误处理设置中主要字段说明如下。

❑　错误数列名：出错的记录个数。

❑　错误描述列名：描述错误信息的列名称。

❑　错误列的列名：出错列的名称。

❑　错误编码列名：描述错误的代码的列名。

❑　允许的最大错误数：超过此数，不再处理错误，转换会抛出一个异常。

❑　允许的最大错误百分比：与"允许的最大错误数"相同，使用一个相对数字，而不是一个绝对数字。

❑ 在计算百分比前最少要读入的行数：开始时不计算百分比，直到读入的数据达到设定值时才开始计算。如果没有设置这个值，而指定"允许的最大错误百分比"是 10%，如果总记录是 100 条，前 9 条记录只要有一条错误数据，Kettle 就会停止转换。

在定义完错误处理之后，可创建数据清洗流程来对未通过的校验进行清洗。

6.2 数据质量评估

数据评估是"数据质量评估"的简称，是从数据综合应用的角度考虑，对信息和数据的采集、存储和产出进行全面的考察和评价，从而提高信息和数据的可信度和有效度，为决策提供更有利的基础。它不同于普通意义上的质量评估，而是从企业对数据应用的角度，对企业的数据进行深层次的分析，再对信息流进行必要的调整，而不仅仅是要求数据准确那么简单。

6.2.1 数据评估指标

数据质量是保证数据应用的基础，我们提出了一些数据质量的评估指标。在进行数据质量评估时，要根据具体的数据质量评估需求对评估指标进行相应的取舍。数据质量评估指标包含完整性、一致性、准确性、及时性等 4 个数据评估指标。

1. 完整性

完整性指的是数据信息是否存在缺失的情况，数据缺失的情况可能是整个数据记录缺失，也可能是数据中某个字段信息的记录缺失。不完整的数据所能参考借鉴的价值就会大大降低，也是数据质量最为基础的一项评估标准。

数据质量的完整性比较容易评估，一般可以通过数据统计中的记录值和唯一值进行评估。例如，网站日志日访问量就是一个记录值，平时的日访问量在 1000 左右，突然某一天降到 100 了，需要检查一下数据是否存在缺失。再如，网站统计地域分布情况的每一个地区名就是一个唯一值，我国包括了 34 个省级行政区域，如果统计得到的唯一值小于 34，则可以判断数据有可能存在缺失。

2. 一致性

一致性是指数据是否遵循了统一的规范，数据集合是否保持了统一的格式。

数据质量的一致性主要体现在数据记录的规范和数据是否符合逻辑。规范指的是，一项数据存在它特定的格式，例如手机号码一定是 11 位的数字，IP 地址一定是由 4 个 0~255 的数字加上"."组成的。逻辑指的是，多项数据间存在着固定的逻辑关系，例如 PV 一定是大于等于 UV 的，跳出率一定是在 0~1 之间的。

一般的数据都有着标准的编码规则，对于数据记录的一致性检验是较为简单的，只要符合标准编码规则即可，例如地区类的标准编码格式为"北京"而不是"北京市"，我们只需将相应的唯一值映射到标准的唯一值上就可以了。

3. 准确性

准确性是指数据记录的信息是否存在异常或错误。和一致性不一样，存在准确性问题的数据不仅仅只是规则上的不一致。最为常见的数据准确性错误就是乱码，其次，异常大或者异常小的数据也是不符合条件的数据。

数据质量的准确性可能存在于个别记录，也可能存在于整个数据集，例如数量级记录错误。这类错误则可以使用最大值和最小值的统计量去审核。

一般数据都符合正态分布的规律，如果一些占比少的数据存在问题，则可以通过比较其他数量少的数据比例来做出判断。

当然，如果统计的数据异常并不显著，但依然存在着错误，这类值的检查是最为困难的，需要通过复杂的统计分析对比找到蛛丝马迹，这里可以借助一些数据分析工具，具体的数据修正方法就不在这里介绍了。

4. 及时性

及时性是指数据从产生到可以查看的时间间隔，也叫数据的延时时长。及时性对于数据分析本身要求并不高，但如果数据分析周期加上数据建立的时间过长，就可能导致分析得出的结论失去借鉴意义。

例如在税务部门日常数据的管理中，往往要求更快捷、更准确地收集到所需的数据，把这些要求应用到数据上，那就是要求数据具有及时性。一个好的应用系统在使用数据时不仅要求数据的准确性，还必须考虑数据的及时性。税收管理信息化的一个主要目的是提高工作效率，把大量复杂繁重的计算、统计、分类工作交由计算机处理并迅速得出准确结果。如果数据不及时，那么应用系统的处理结果可能就违背了程序设计和使用者的初衷。因此，根据数据应用需求及时采集数据是保证数据及时性的重要环节。

6.2.2　审计数据

审计数据就是"对被审计单位的数据进行采集、预处理以及分析，从而发现审计线索，获得审计证据的过程"。审计数据有多种不同的处理方法，主要有以下几种。

1．数据查询

数据查询是指审计人员根据自己的经验，按照一定的审计分析模型，在通用软件中采用查询命令来分析采集来的电子数据，或采用一些审计软件，通过运行各种各样的查询命令以某些预定义的格式来检测被审计单位的数据，是目前最常用的方法。

2．审计抽样

审计抽样是指审计人员在实施审计程序时，从审计对象总体中选取一定数量的样本进行测试，并根据样本测试结果，推断总体特征的一种方法。

3．统计分析

在面向数据的计算机审计中，统计分析的目的是探索被审计数据内在的数量规律性，以发现异常现象，快速寻找审计突破口。

常用的统计分析方法包括一般统计、分层分析和分类分析。统计分析一般和其他审计数据处理方法配合使用。

4．数值分析

数值分析是根据字段具体的数据值的分布情况、出现频率等对字段进行分析，从而发现审计线索的一种数据处理方法。这种方法先不考虑具体的业务，对分析出的可疑数据结合具体的业务进行审计，易于发现被审计数据中的隐藏信息。

审计数据直接影响着审计结果的准确性和效率性，国内外都在不断加深对审计数据的重视，研究与开发电子数据审计软件，为审计数据的采集、处理与分析提供保障。

在 Kettle 中，可通过日志和审计功能来存储日志、转换、步骤级别的日志信息。这些日志和错误事件数据一样，最关键的字段是批次号，Kettle 能够对日志进行事件细节的审计，提供完整的质量指标和信息统计。

6.3 数据加载

6.3.1 数据加载的概念

数据加载是继数据抽取和转换清洗后的一个阶段，它负责将数据源中抽取加工所需的数据，经过数据清洗和转换后，最终按照预定义好的数据仓库模型，将数据加载到目标数据集市或数据仓库中去，可实现SQL 或批量加载。

大多数情况下，异构数据源均可通过 SQL 语句进行 insert、update、delete 操作。而有些数据库管理系统集成了相应的批量加载方法，如 SQL Server 的 bcp、bulk 等，Oracle 的 sqlldr，或使用 Oracle 的 plsql 工具中的 import 完成批量加载。大多数情况下会使用 SQL 语句，因为这样导入有日志记录，是可回滚的。但是，批量加载操作易于使用，并且在加载大量数据时效率较高。

当异构数据源的种类繁多，且数据仓库模型复杂时，使用专业的ETL 工具必将事半功倍。

6.3.2 数据加载的方式

与数据抽取方式类似，在数据加载到目标数据集市或数据仓库过程中，分为全量加载和增量加载。全量加载是指全表删除后再进行全部（全量）数据加载的方式；而增量加载是指目标表仅更新源表变化（增量）的数据。

全量加载从技术角度上说，比增量加载要简单很多。一般只要在数据加载之前清空目标表，再全量导入源表数据即可。但是由于数据量、系统资源和数据实时性的要求，很多情况下都需要使用增量加载机制。

增量加载重点体现在，仅更新源表变化过后的数据，关键在于如何正确设计相应的方法从数据源中抽取增量的数据，以及变化"牵连"数据（虽然没有变化，但受到变化数据影响的源端数据）。同时，将这些变化的和未变化但受影响的数据在完成相应的逻辑转换后更新到数据仓库中。一个有效的增量抽取机制不但要求 ETL 能够将业务系统中的变化数据按一定的频率准确地捕获到，同时不能对业务系统造成太大的压力，影响现有业务，并需满足数据转换过程中的逻辑要求和加载后目标表的数据正确性。同时，数据加载的性能和作业失败后可恢复重启的易维护性也是非常值得考虑的。

增量抽取机制比较适用于以下特点的数据表：

❑　数据量巨大的目标表。

❑　源表变化数据比较规律，例如按时间序列增长或减少。

❑　源表变化数据相对数据总量较小。

❑　目标表需要记录过期信息或者冗余信息。

❑　业务系统能直接提供增量数据。

如果每次抽取都有超过 1/4 的业务源数据需要更新，就应该考虑更改 ETL 的加载方法，由增量抽取改为全量抽取。另外，全量抽取对于数据量较小、更新频率较低的系统也比较适用。

ETL 增量加载在方式上主要包括系统日志分析方式、触发器方式、时间戳方式、全表比对方式、源系统增量数据直接或者转换后加载方式。

6.3.3　批量数据加载

通常情况下，对于几十万条记录的数据迁移而言，采取 DML 的 insert、update、delete 语句能够较好地将数据迁移到目标数据库中，然而，当数据迁移量过大时，DML 语句执行时所生成的事务日志和约束条件将大大影响加载性能，故需要针对数据采取批量加载处理。批量加载的处理方式主要包括基于文件和基于 API 方式。

每种数据库都有自己的批量加载方法，Kettle 为大多数 DBMS 如 Oracle、MySQL、MS SQL Server 等提供了批量加载方法。

1．MySQL 的批量加载

MySQL 是 Kettle 支持的从数据库批量加载到文件的 DBMS。Kettle 提供两个组件实现批量加载功能，一个是通过作业项把文本文件批量加载到数据库，另外一个是转换里的批量加载步骤。

2．Oracle 的批量加载

Kettle 的 Oracle 批量加载工具采用 SQL *Loader，该组件功能复杂，需要配置较多的参数，同时也需要设置不同种类的文件，故使用 Oracle 批量加载需要做复杂的准备工作和配置工作，然而该工具健壮可靠，能够精准控制处理数据和错误数据。

6.3.4　数据加载异常处理

为了能更好地实现 ETL，建议用户在实施 ETL 过程中应注意以下几点：

① 如果条件允许，可利用数据中转区对运营数据进行预处理，保证集成与加载的高效性。

② 如果 ETL 的过程是主动"拉取"，而不是从内部"推送"，其可控性将大为增强。

③ ETL 之前应制定流程化的配置管理和标准协议。

④ 关键数据标准至关重要。ETL 面临的最大挑战是接收数据时其各源端数据的异构性和低质量。以电信为例，A 系统按照统计代码管理数据，B 系统按照账目数字管理，C 系统按照语音 ID 管理。当 ETL 需要对这 3 个系统进行集成以获得对客户的全面视角时，这一过程需要复杂的匹配规则、名称/地址正常化与标准化。而 ETL 在处理过程中会定义一个关键数据标准，并在此基础上制定相应的数据接口标准。

⑤ 将数据加载到个体数据集时，在没有一个集中化的数据库的情况下，拥有数据模板是非常重要的。它们是标准化的接口，每一个个体或者部门数据集市都能够填充。确保你的 ETL 工具有这样的功能，能够扩展到一个数据仓库平台，将信息从一个数据集市流动到下一个。

6.4　上机练习与实训

实训题目：客户数据的清洗转换

实训原理

在 ETL 中，数据清洗是一个非常重要的环节，其结果质量直接关系到模型效果和最终结论，包括缺失值清洗、格式内容清洗、逻辑错误清洗、非需求数据清洗和关联性验证等。在 Kettle 中，通过"核心对象"树中的"转换""流程""脚本""检验"等对象集合来实现数据的清洗转换。

实训内容

对包含客户当日检入检出（checkin/checkout）的信息数据进行清洗转换，分别获取合格数据和不合格数据。

实训指导

（1）根据数据源类型，从"输入"中将"CSV 文件输入"对象拖曳到编辑区，在"CSV 文件输入"对象属性中选择 CSV 文件，然后设置"列分隔符""封闭符"等，单击"获取字段"按钮获取 CSV 文件中的字段名，如图 6-22 所示。

图 6-22 设置 CSV 文件输入

（2）添加"数据检验"，对 customerid 字段和 studio 字段增加检验，如图 6-23 和图 6-24 所示。

图 6-23 设置 customerid 字段检验

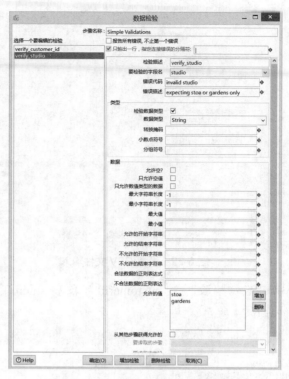

图 6-24　设置 studio 字段检验

（3）从"脚本"中选择"JavaScript 脚本"拖入编辑区，对字段
checkin 和 checkout 进行格式设置。设置的脚本源码如下：

```
var DATE_FORMAT = "yyyy-MM-dd HH:mm:ss";
var has_errors = 0;
//转换 checkin 字段
try{
    dat_checkin = str2date(checkin,DATE_FORMAT);
}
catch(e){
    //根据行中的元数据把错误信息放入错误流中
    _step_.putError(getInputRowMeta(), row, 1, "Date format "+DATE_
FORMAT+" expected", "checkin", "malformed date");
    has_errors = 1;
}
//转换 checkout 字段
if (has_errors == 0){
    try{
        dat_checkout = str2date(checkout,DATE_FORMAT);
    }
    catch(e){
        //根据行中的元数据把错误信息放入错误流中
        _step_.putError(getInputRowMeta(), row, 1, "Date format "+DATE_
```

```
FORMAT+" expected", "checkout", "malformed date");
            has_errors = 1;
    }
}
//只让没有错误的行进入正规流执行
if (has_errors == 0){
    trans_Status = CONTINUE_TRANSFORMATION;
}
else{
    trans_Status = SKIP_TRANSFORMATION;
}
```

　　输入源码之后，单击"确定"按钮，重新打开 JavaScript 脚本的属
性，会自动根据源码中定义的变量设置 Input fields、Output fields 和字
段内容，如图 6-25 所示。

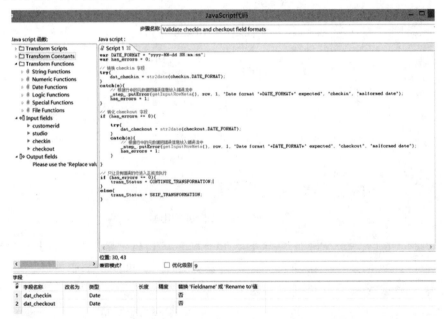

图 6-25　设置 JavaScript 代码

　　（4）在"流程"中选择"过滤记录"拖入编辑区，根据 JavaScript
代码中设置的变量字段 dat_checkin 和 dat_checkout，设置条件为
dat_checkin<=dat_checkout。在"输出"中将"Excel 输出"拖曳到编辑
框，命名为 output good rows，再在"转换"中添加"增加常量"，命名
为 Add error description，指定"发送 true 数据给步骤"的值为 output good
rows，指定"发送 false 数据给步骤"的值为 Add error description，如
图 6-26 所示。

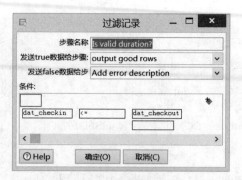

图 6-26　设置过滤记录属性

（5）"Excel 输出"的属性"字段"选项卡设置如图 6-27 所示。

图 6-27　设置 Excel 输出属性

（6）"增加常量"实际上类似于前面提到的"定义错误处理"，由于"过滤记录"无法使用"定义错误处理"，采用"增加常量"的方式添加错误字段，具体设置如图 6-28 所示。

图 6-28　设置增加常量属性

（7）在"转换"中将"字段选择"拖曳到编辑区，打开属性对话框，单击"获取选择的字段"按钮，如图 6-29 所示。

图 6-29　设置"字段选择"属性

（8）在"流程"中选择"空操作"，并将其拖曳到编辑区，选择"数据检验"，右击，在弹出的快捷菜单中选择"定义错误步骤"命令，指定"目标步骤"为重命名为 collect error rows 的空操作，并设置"错误描述列名""错误列的列名""错误编码列名"，重命名和"增加常量"中设置的一致，如图 6-30 所示。

图 6-30　设置数据检验步骤错误处理

（9）添加 JavaScript 代码，命名为 Flatten source fields，对收集的错误数据进行过滤，并生成新字段 error_row，如图 6-31 所示。

代码如下：

```
//如果字段名不是以"error_"开头，则从当前行中获取所有字段信息
var buffer = new java.lang.StringBuffer();
//获取输入流中的行元数据信息，包含包括字段名、数据类型、长度、格式等
var meta = getInputRowMeta();

for (var i=0;i<meta.size();i++)
{
    //忽略不包含 error_开头字段的行
    if ((meta.getValueMeta(i).getName()+"").search("^error_") == 0)
        continue;
    //把包含 error_字段的行信息追加至 buffer 中
    if (i>0) buffer.append(", ");
```

```
        buffer.append( "[" );
        buffer.append( meta.getString(row, i)+"" );
        buffer.append( "]" );
}

var error_row = buffer.toString();
```

图 6-31 设置 Flatten source fields 步骤

（10）在"输入"中拖曳"获取系统信息"到编辑区，添加"转换名称""转换 ID""系统日期（可变）"3 个系统变量，并分别制定这 3 个变量的变量名。这 3 个变量将作为最终错误输出的 3 个新列，如图 6-32 所示。

（11）添加"Excel 输出"到编辑区，并在打开的"Excel 输出"对话框中设置"字段"选项卡属性，如图 6-33 所示。

图 6-32 设置获取系统信息   图 6-33 设置错误信息 Excel 输出

（12）整个转换最终的实现及连接如图 6-34 所示。

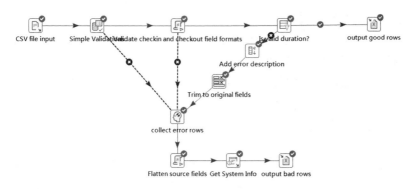

图 6-34　客户数据清洗转换步骤图示

（13）执行该转换，通过 Preview data 查看执行结果，选中 CSV file input 输入源，可以看到原始数据有 9 条，选中 output bad rows，可以看到不满足条件的记录有 6 条，如图 6-35 和图 6-36 所示。选中 output good rows，可看到满足条件的记录有 3 条，如图 6-37 所示。由于针对错误数据的处理中添加了以 error_ 开头的错误字段，并添加了 3 个系统变量，所以不满足条件的记录字段个数和满足条件的字段个数不同。

执行结果

⊙执行历史　□日志　≡步骤度量　✑性能图　☰ Metrics　◉ Preview data

◉ ${TransPreview.FirstRows.Label} ○ ${TransPreview.LastRows.Label} ○ ${TransPreview.Off.Label}

#	customerid	studio	checkin	checkout	error_desc	error_fi
1	unknown	stoa	2010-08-21 12:00:00	2010-08-21 12:40:00	malformed customer id, must start with ID_ and have at least 4...	custom
2	ID_diogenes	<null>	2010-08-21 06:45:25	2010-08-21 09:29:23	expecting stoa or gardens only	studio
3	ID_sokrates	stoa	2010-08-21	2010-08-21 19:22:34	Date format yyyy-MM-dd HH:mm:ss expected	checkin
4	ID_pythagoras	stoa	2010-08-21 17:27:48	2010-08-21	Date format yyyy-MM-dd HH:mm:ss expected	checkou
5	ID_pythagoras	stoa	2010-08-21 17:27:48	2010-08-21 +02:00	Date format yyyy-MM-dd HH:mm:ss expected	checkou
6	ID_plato	stoa	2010-08-21 05:32:22	2010-08-21 02:12:03	checkout time must not precede checkin time	checkin

图 6-35　不满足条件的记录

步骤 output bad rows 的数据（6 rows）

error_desc	error_field	error_code	error_row	transformation_name	execution_time
malformed customer id, must start with ID_ and have at least 4 chars	customerid	invalid customer id	[unknown], [stoa], [2010-08-21 12:00:00], [2010-08-21 12:40:00]	validator	2017/11/11 22:59:48.111
expecting stoa or gardens only	studio	invalid studio	[ID_diogenes], [null], [2010-08-21 06:45:25], [2010-08-21 09:29:23]	validator	2017/11/11 22:59:48.113
Date format yyyy-MM-dd HH:mm:ss expected	checkin	malformed date	[ID_sokrates], [stoa], [2010-08-21], [2010-08-21 19:22:34]	validator	2017/11/11 22:59:48.117
Date format yyyy-MM-dd HH:mm:ss expected	checkout	malformed date	[ID_pythagoras], [stoa], [2010-08-21 17:27:48], [2010-08-21]	validator	2017/11/11 22:59:48.120
Date format yyyy-MM-dd HH:mm:ss expected	checkout	malformed date	[ID_pythagoras], [stoa], [2010-08-21 17:27:48], [2010-08-21 +02:00]	validator	2017/11/11 22:59:48.128
checkout time must not precede checkin time	checkin,checkout	unplausible times	[ID_plato], [stoa], [2010-08-21 05:32:22], [2010-08-21 02:12:03]	validator	2017/11/11 22:59:48.128

图 6-36　不满足条件的记录中包含 error_ 的字段信息

执行结果

⊙执行历史　□日志　≡步骤度量　✑性能图　☰ Metrics　◉ Preview data

◉ ${TransPreview.FirstRows.Label} ○ ${TransPreview.LastRows.Label} ○ ${TransPreview.Off.Label}

#	customerid	studio	checkin	checkout	dat_checkin	dat_checkout
1	ID_aristotle	gardens	2010-08-21 14:33:12	2010-08-21 18:12:02	2010/08/21 14:33:12.0...	2010/08/21 18:12:02.0...
2	ID_sokrates	gardens	2010-08-21 23:00:02	2010-08-21 23:56:59	2010/08/21 23:00:02.0...	2010/08/21 23:56:59.0...
3	ID_diogenes	stoa	2010-08-21 15:25:29	2010-08-21 19:00:41	2010/08/21 15:25:29.0...	2010/08/21 19:00:41.0...

图 6-37　满足条件的记录

⚠ 6.5　习题

1．什么是数据评估？数据评估的指标有哪些？

2．数据检验的方法都有哪些？其各自的优缺点是什么？

3．数据转换错误都有哪些？如何处理？

4．结合一个实例说明数据清洗的流程包括哪些步骤，并简要说明数据清洗的主要评价标准。

5．什么是数据审计？有哪些方法？

6．什么是数据排重？

第 7 章

采集 Web 数据实例

随着 Internet 的发展，网站数量与日俱增，网络成为人们获取信息的必要途径和重要手段，而 Web 页面上的信息也受到越来越多的关注。由于 Web 的开放性、数据的海量性和动态性的特点，用户从 Web 上获取的数据中可能存在着大量与主题无关的信息，即"脏"数据，包括弹出广告、导航条、多余的图片以及一些无关的链接等。这些"脏"数据没有任何意义，还严重影响了对 Web 中有用信息的提取，无法为决策分析系统提供有效支持。因此，从网页数据源中准确、高效地抽取出可利用的信息资源越来越显示出它的重要性。而基于 Web 的信息采集技术，已经成为目前数据挖掘领域的研究热点之一。

本章将着重介绍基于 Web 的 HTML 网页数据采集技术。

7.1 网页结构

网页清洗的第一步是对页面结构的分析，页面结构分析在信息检索、分类、页面适应等方面都有重要作用。从网页中提取数据可以采用"行分割模型""树形结构模型"。本书中着重介绍"树形结构模型"。DOM 模型就是典型的"树形结构模型"。

7.1.1 DOM 模型

1. DOM 简介

DOM（Document Object Mode，文档对象模型）是 W3C 组织推荐

的处理可扩展标记语言的标准编程接口（API）。DOM 将整个页面映射为一个由层次节点组成的文件，而 HTML 的标记也具有一定的嵌套结构。通过 HTML 解析器（parse）可以将 HTML 页面转化为一棵 DOM 树，如图 7-1 所示。

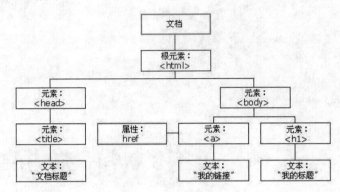

图 7-1 HTML DOM 树

树结构是研究网页布局结构的主要依据，把半结构化的页面转化为结构化的树结构，可以更好地对网页进行分析研究。DOM 技术使得用户页面可以动态地变化，在此基础上可以利用 DOM 接口完成多种操作，如可以动态地显示或隐藏一个元素，改变它们的属性，增加一个元素等。DOM 技术使得页面的交互性大大地增强。

2. DOM 树结构

DOM 是由一组对象和存取、处理文档对象的接口组成，包括文档、节点、元素、文本节点、属性等。

- ❑ 文档（Document）：根据 W3C 的 HTML DOM 标准，HTML 文档中的所有内容都是节点。DOM 文档是由分层的节点对象构成，这些节点对象构成一个页面。文档是一个节点，该节点只有一个元素，这个元素就是它自己。
- ❑ 节点（Node）：整个文档是一个文档节点，每个 HTML 元素是元素节点。
- ❑ 元素（Element）：元素是除文本之外的大多数对象，是从节点类型推导出来的。元素包含属性，而且可以是另一个元素的父类型。
- ❑ 文本节点（Text Node）：HTML 元素内的文本是文本节点，文本节点处理文档中的文本。
- ❑ 属性（Attribute）：每个 HTML 属性是属性节点，是元素的基本属性，因此它们不是元素的子节点。

3. 访问 DOM 树结构

（1）DOM 的属性

属性是节点（HTML 元素）的值，可通过 JavaScript（以及其他编程语言）对 HTML DOM 进行访问。常用的 HTML DOM 属性如表 7-1 所示。

表 7-1　DOM 常用属性

属　　　性	描　　　述
innerHTML	节点（元素）的文本值，对于获取或替换 HTML 元素的内容很有用
parentNode	节点（元素）的父节点
childNodes	节点（元素）的子节点
attributes	节点（元素）的属性节点
nodeName	规定节点的名称
nodeValue	规定节点的值
nodeType	返回节点的类型。1 为元素，2 为属性，3 为文本，8 为注释，9 为文档

（2）DOM 的方法

访问 HTML 元素等同于访问节点，用户可以以不同的方式来访问 HTML 元素，如表 7-2 所示。

表 7-2　一些 DOM 对象方法

方　　　法	描　　　述
getElementById()	返回带有指定 ID 的元素
getElementsByTagName()	返回包含带有指定标签名称的所有元素的节点列表（集合/节点数组）
getElementsByClassName()	返回包含带有指定类名的所有元素的节点列表
appendChild()	把新的子节点添加到指定节点
removeChild()	删除子节点
replaceChild()	替换子节点
insertBefore()	在指定的子节点前面插入新的子节点
createAttribute()	创建属性节点
createElement()	创建元素节点
createTextNode()	创建文本节点
getAttribute()	返回指定的属性值
setAttribute()	把指定属性设置或修改为指定的值

4. DOM 的优点和缺点

❑ DOM 的优点主要表现在：易用性强，使用 DOM 时，将把所有的 XML 文档信息都存于内存中，并且遍历简单，支持 XPath。

❑ DOM 的缺点主要表现在：效率低，解析速度慢，内存占用量过高，对于大文件来说几乎不可能使用。另外，效率低还表现在大量地消耗时间，因为使用 DOM 进行解析时，将为文档的每个 element、attribute、processing-instruction 和 comment 都创建一个对象，这样在 DOM 机制中所运用的大量对象的创建和销毁无疑会影响其效率。

7.1.2 正则表达式

1．简介

正则表达式（Regular Expression）是一种特殊的字符序列，通常被用来检索、替换符合某个模式（规则）的文本。正则表达式具有很强的灵活性、逻辑性和功能性，可以迅速地用极简单的方式达到字符串的复杂控制，提高搜索和采集的效率。目前，正则表达式已经在很多软件中得到广泛的应用，但对于刚接触的人来说，比较晦涩难懂。

2．规则

正则表达式一般由普通字符（例如字符"a"到"z"）以及特殊字符（称为"元字符"）组成。

（1）普通字符

普通字符包括没有显式指定为元字符的所有可打印和不可打印字符，包括所有大写和小写字母、数字、标点符号和一些其他符号。

（2）非打印字符

表 7-3 列出了非打印字符的转义序列。

表 7-3　非打印字符的转义序列

字　符	描　述
\cx	匹配由 x 指明的控制字符。例如，\cM 匹配一个 Control-M 或回车符。x 的值必须为 A~Z 或 a~z 之一。否则，c 将保持原来的'c'字符的含义
\f	匹配一个换页符。等价于\x0c 和\cL
\n	匹配一个换行符。等价于\x0a 和\cJ
\r	匹配一个回车符。等价于\x0d 和\cM
\s	匹配任何空白字符，包括空格、制表符、换页符等。等价于 [\f\n\r\t\v]
\S	匹配任何非空白字符。等价于 [^ \f\n\r\t\v]
\t	匹配一个制表符。等价于 \x09 和 \cI
\v	匹配一个垂直制表符。等价于\x0b 和\cK

（3）特殊字符

特殊字符是一些有特殊含义的字符，若要匹配这些特殊字符，必须首先使字符"转义"，即将反斜杠字符（\）放在它们前面。表 7-4 列出了正则表达式中的特殊字符。

表 7-4　正则表达式中的特殊字符

特殊字符	描述
$	匹配输入字符串的结尾位置。如果设置了 RegExp 对象的 Multiline 属性，则$也匹配'\n'或'\r'。要匹配$字符本身，请使用\$
()	标记一个子表达式的开始和结束位置。子表达式可以获取供以后使用。要匹配这些字符，请使用\(和\)
*	匹配前面的子表达式零次或多次。要匹配*字符，请使用*
+	匹配前面的子表达式一次或多次。要匹配+字符，请使用\+
.	匹配除换行符\n 之外的任何单字符。要匹配.字符，请使用\.
[	标记一个中括号表达式的开始。要匹配[，请使用\[
?	当该字符紧跟在任何一个其他限制符（*，+，?，{n}，{n,}，{n,m}）后面时，匹配模式是非贪婪的。非贪婪模式尽可能少地匹配所搜索的字符串。要匹配"?"本身，则需要使用"\?"进行转义
\	将下一个字符标记为特殊字符、原义字符、向后引用、八进制转义符等。例如，'\n'匹配换行符，序列 '\\' 匹配 "\"，而 '\(' 则匹配 "("
^	匹配输入字符串的开始位置，除非在方括号表达式中使用，此时它表示不接受该字符集合。要匹配 ^ 字符本身，请使用'\^'
{	标记限定符表达式的开始。要匹配 {，请使用'\{'
|	指明两项之间的一个选择。要匹配 |，请使用'\\|'

（4）限定符

限定符用来指定正则表达式的一个给定组件必须要出现多少次才能满足匹配。有"*""+""?""{n}""{n,}""{n,m}"共 6 种，如表 7-5 所示。

表 7-5　限定符的正则表达式

字　符	描　述
*	匹配前面的子表达式零次或多次。例如，'zo*'能匹配 z 以及 zoo。*等价于{0,}
+	匹配前面的子表达式一次或多次。例如，'zo+'能匹配 zo 以及 zoo，但不能匹配 z。+等价于{1,}
?	匹配前面的子表达式零次或一次。例如,'do(es)? '可以匹配 do 或 does 中的 do。"?"等价于{0,1}
{n}	n 是一个非负整数。匹配确定的 n 次。例如，'o{2}'不能匹配 Bob 中的 o，但是能匹配 food 中的两个 o

字 符	描 述
{n,}	n 是一个非负整数。至少匹配 n 次。例如，'o{2,}'不能匹配 Bob 中的 o，但能匹配 foooood 中的所有 o。'o{1,}'等价于'o+'。'o{0,}'则等价于'o*'
{n,m}	m 和 n 均为非负整数，其中 n <= m。最少匹配 n 次且最多匹配 m 次。例如，'o{1,3}'将匹配"foooood"中的前三个 o。'o{0,1}' 等价于 'o?'。请注意在逗号和两个数之间不能有空格

（5）定位符

定位符用来描述字符串或单词的边界，它能够将正则表达式固定到行首或行尾，还可以用来创建出现在一个单词内、一个单词的开头或者一个单词的结尾的正则表达式。定位符用来描述字符串或单词的边界，^和$分别指字符串的开始与结束，'\b'描述单词的前或后边界，'\B'表示非单词边界。正则表达式的定位符如表 7-6 所示。

表 7-6　正则表达式的定位符

字 符	描 述
^	匹配输入字符串开始的位置。如果设置了 RegExp 对象的 Multiline 属性，^还会与\n 或\r 之后的位置匹配
$	匹配输入字符串结尾的位置。如果设置了 RegExp 对象的 Multiline 属性，$还会与\n 或\r 之前的位置匹配
\b	匹配一个字边界，即字与空格间的位置
\B	非字边界匹配

（6）选择

用圆括号将所有选择项括起来，相邻的选择项之间用"|"分隔。但用圆括号会有一个副作用，相关的匹配会被缓存，此时可用"?:"放在第一个选项前来消除这种副作用。

（7）反向引用

当需要匹配两个或多个连续的、相同的字符时，就需要使用反向引用。反向引用是查找连续重复字符最有效的方法之一。

3. 局限性

正则表达式看上去复杂但实际上不必为此发愁，因为很多文本编辑器都内置了许多常用的正则表达式，足以满足一般需求。进一步讲，凭借网上大量的学习资源完全可以写出复杂的正则表达式。不过需要注意的是，请谨慎使用一些在线的正则表达式测试工具，因为它们可能采用的是某一种正则表达式的语法，比如 JavaScript、PHP 或 Python 等。

利用正则表达式来清洗网络数据具有很大局限性，因为正则表达式是完全依赖网页结构的。一旦网页布局发生变化，哪怕是一个小小的标记，也会导致数据清洗工作者费了很大时间、精力设计和调试的正则表达式失效。更多情况是，网页的结构是无法使用正则表达式来精确匹配的。

7.2　网络爬虫

7.2.1　网络爬虫简介

网络爬虫（又被称为网页蜘蛛、网络机器人），是一种按照一定的规则，自动地抓取万维网信息的程序或者脚本。网络爬虫还有另外一些不常使用的名字，如蚂蚁、自动索引、模拟程序或者蠕虫等。

网络爬虫的主要功能是将互联网上的网页、图片、音频、视频等资源下载到本地形成备份。随着网络的迅速发展，不断优化的网络爬虫技术正在有效地应对各种挑战。利用网络爬虫技术可实现数据清洗前的数据采集工作。

1. 网络爬虫的工作流程

网络爬虫的基本工作流程如图 7-2 所示。

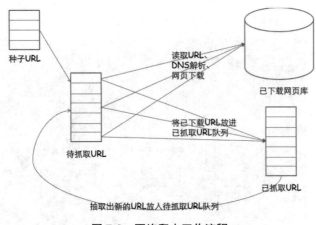

图 7-2　网络爬虫工作流程

① 首先选取一部分种子 URL。

② 将这些 URL 输入待抓取 URL 队列。

③ 从待抓取 URL 队列中取出待抓取的 URL，解析 DNS，得到主机的 IP 地址，并将 URL 对应的网页下载下来，存储到已下载网页库中，再将这些 URL 放进已抓取 URL 队列。

④ 分析已抓取 URL 队列中的 URL，分析其中的其他 URL，并且

将 URL 放入待抓取的 URL 队列。

因此，从爬虫的角度对互联网进行划分为对应的 5 部分：已下载未过期网页、已下载已过期网页、待下载网页、可知网页和不可知网页。

2. 网络爬虫实践

一般来讲，实现网络爬虫可采用两种途径：一是编写代码脚本，二是使用爬虫软件。本节主要讲解用 Python 实现网络爬虫。

（1）安装 Python

步骤 1：下载 Python 程序安装包。打开 Python 官方网站 https://www.python.org，找到 Downloads 区，单击进入。Python 的安装版本主要有 3 类，包括联网安装版本 web-based installer、可执行文件安装版本 executable installer、嵌入式版本 embeddable zip file。读者可以根据自身的实际情况，结合操作系统位数，选择合适的 Python 版本号。本案例选择的 Python 版本为 python-3.5.4-amd64。

步骤 2：执行 Python 安装包。注意，在安装 Python 过程中，集成开发环境 IDLE 是同 Python 一起安装，不过需要确保安装时选中了 Tcl/Tk 组件。

步骤 3：测试 Python 安装是否成功，可用 cmd 打开命令行输入"python"命令。若显示 Python 版本号，则代表安装成功，如图 7-3 所示。另外，可利用 Python 打印 hello world 语句进行测试，如图 7-4 所示。

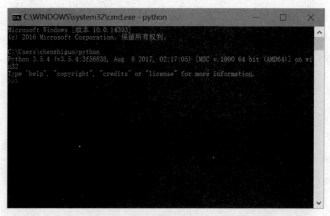

图 7-3　Python 安装成功示例

图 7-4　Python 打印语句

（2）构造 get 请求爬取搜狗首页

步骤 1：打开 Python 编辑器 IDLE。

步骤 2：导入要使用的库，代码如下所示：

```
>>>import urllib.request
```

步骤 3：获取目的网页响应的对象。使用 urlopen 方法打开目的网页，并返回网页响应对象 fh，代码如下所示：

```
>>>fh=urllib.request.urlopen("http://www.sogou.com")
```

步骤 4：获取对象 fh 的内容 data。采用 read 方法读取 fh 对象的内容。因为网页有编码，所以需要将爬取的内容进行解码，采用 decode 方法进行解码，其中 utf-8 为解码格式，参数 ignore 表示忽略当前解码的细节错误。代码如下所示：

```
>>>data=fh.read()
>>>data=data.decode("utf-8","ignore")
```

步骤 5：将 data 写入本地 sogoutest.HTML 文件进行保存。在系统中创建 HTML 格式的文件 sogoutest。以写入的方式打开文件，并设置文件编码格式为 utf-8。然后调用 write 方法将 data 写入 fh2 中，最后关闭文件并保存。代码如下所示：

```
>>>fh2=open("D:\Python35\sugoutest.HTML","w",encoding="utf-8")
>>>fh2.write(data)
>>>fh2.close()
```

（3）模拟浏览器爬取糗事百科网

当用上述脚本爬取某些网站时，会出现 " http.client.Remote Disconnected" 错误提示，即远程主机关闭了连接。这是因为某些网站采用 User-Agent 用户代理机制来识别浏览器版本，而 Python 编写的脚本不具备浏览器属性。下面将介绍运用 Python 模拟浏览器进行爬虫的步骤。

步骤 1：打开 Python 编辑器 IDLE。

步骤 2：导入要使用的库，代码如下所示：

```
>>>import urllib.request
```

步骤 3：设置目的网页地址，代码如下所示：

```
>>>url="https://www.qiushibaike.com/"
```

步骤 4：在 Python 中设置 User-Agent 字段值。此处将 User-Agent 设置成 Chrome 浏览器的用户代理。首先用 Chrome 登录 URL 地址，按 F12，再单击 Network。然后刷新当前页面，再单击 " https://www.

qiushibaike.com/"超链接，找到 Headers 下 User-Agent 的值，如图 7-5 所示。利用当前 User-Agent 的值作为 Python 模拟 Chrome 浏览器的 User-Agent 值，代码如下所示：

```
>>>headers=("User-Agent","Mozilla/5.0 (Linux; Android 6.0; Nexus 5 Build/MRA58N)
AppleWebKit/537.36  (KHTML,  like  Gecko)  Chrome/46.0.2490.76  Mobile
Safari/537.36")
```

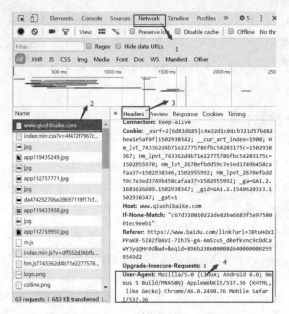

图 7-5 Chrome 浏览器的 User-Agent

步骤 5：创建 opener 对象，并将 headers 报头信息加载到 opener 中，代码如下所示：

```
>>>opener=urllib.request.build_opener()
>>>opener.addheaders=[headers]
```

步骤 6：再利用 opener 对象模拟 Chrome 浏览器爬取目的网页内容，代码如下所示：

```
>>>data=opener.open(url).read()
```

再参照"构造 get 请求爬取搜狗首页"的步骤 5 将 data 数据存储到本地。

另外，如果要使用"构造 get 请求爬取搜狗首页"的步骤 3 用到的 urlopen 方法，需要用 install_opener 方法，将 opener 对象安装为全局对象。至此，可以让 urlopen 方法共享 headers 报头信息，从而成功爬取目的网页内容，代码如下所示：

```
>>>urllib.request.install_opener(opener)
>>>data=urllib.request.urlopen(url).read().decode("utf-8")
```

（4）构建 get 请求爬取百度搜索

步骤 1：打开 Python 编辑器 IDLE。

步骤 2：导入要使用的库，代码如下所示：

```
>>>import urllib.request
```

步骤 3：设置百度搜索通用网址结构。一般来讲，wd 的值为搜索的关键词。

```
>>>url="http://www.baidu.com/s?wd="
```

步骤 4：设置待检索关键词。因为网址不允许使用中文，因此需要用 Python 程序对关键词中的中文信息进行编码。

```
>>>key="Python 学习方法"
>>>key_code=urllib.request.quote(key)
```

步骤 5：生成目的网址。

```
>>>url2=url+key_code
```

步骤 6：获取目的网页响应的内容。本次爬虫使用的请求是 get 请求，因此有两种方法可以实现目的网页内容的获取。一种方法是参照前面提到的 urlopen 方法，设置 urlopen 方法的参数为 url2，其他步骤不变。另一种方法是采用 Request 方法将 url2 网址封装为一个 get 请求 req，再使用 urlopen 方法打开 req，通过 read 方法读取内容，代码如下所示：

```
>>>req=urllib.request.Request(url2)
>>>data=urllib.request.urlopen(url2).read
```

步骤 7：将 data 写入本地 baidusearch.HTML 文件进行保存。在系统中创建 HTML 格式的文件 baidusearch。以二进制写入的方式打开文件，然后调用 write 方法将 data 写入 fh 中，最后关闭文件并保存，代码如下所示：

```
>>>fh=open("D:/Python35/baidusearch.HTML","bw")
>>>fh.write(data)
>>>fh.close()
```

（5）构建 post 请求爬取网页

上面介绍了采用 get 请求自动爬取目的网页内容的方法，下面介绍如何用 post 请求自动爬取目的网页内容。

　　在实际运用中，一些网页需要客户端发送 post 请求才能获取到数据，例如某些登录功能。判断登录功能是否属于 post 请求的范畴，可以通过 F12 查看登录表单的属性 Request Method，取值一般为 get 或 post。如图 7-6 所示，为 get 请求；如图 7-7 所示，为 post 请求。

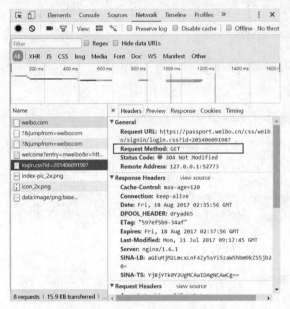

图 7-6　网页为 get 请求

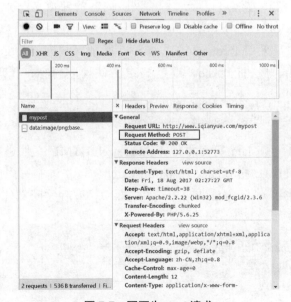

图 7-7　网页为 post 请求

步骤 1：打开 Python 编辑器 IDLE。

步骤 2：导入要使用的库，代码如下所示：

```
>>>import urllib.request
>>>import urllib.parse
```

步骤 3：设置目的网址。这里不提供具体的网址，请读者根据要求自行选择。

```
>>>url="目的网址"
```

步骤 4：设置 post 请求数据。post 请求数据应为输入登录表单的账号、密码。在此用 urlencode 方法封装登录表单中账号、密码的值，其中 name 为账号的名称，admin 为账号的值；pass 为密码的名称，123456 为密码的值。以上内容均可通过 F12 查看源代码获得。然后再将 post 请求内容进行编码，编码格式为 utf-8。

```
>>>postdata=urllib.parse.urlencode({"name":"admin","pass":"123456"}).encode
('utf-8')
```

步骤 5：构造 post 请求。调用 Request 方法构造 post 请求，参数包括目的网址、post 请求数据 postdata。

```
>>> req=urllib.request.Request(url,postdata)
```

步骤 6：模拟浏览器。将 User-Agent 的内容加载到 post 请求的头部。

```
>>> req.add_header('User-Agent','Mozilla/5.0 (Linux; Android 6.0; Nexus 5
Build/MRA58N) AppleWebKit/537.36 (KHTML, like Gecko) Chrome/
46.0.2490.76 Mobile Safari/537.36')
```

步骤 7：获取目的网页响应内容。

```
>>> data=urllib.request.urlopen(req).read()
```

步骤 8：将 data 写入本地文件并保存。

```
>>> fh3=open("D:/Python35/post_login.HTML","bw")
>>> fh3.write(data)
>>> fh3.close()
```

至此，针对 post 请求的网络爬虫工作结束。

（6）爬取多页网页内容

以上例子涉及的爬虫技术都是针对单页的 get、post 请求，下面将介绍针对多页的爬虫技术，将捧腹网设为目的网页，爬取目的是实现用户与其发布的段子信息一一对应。

步骤 1：打开 Python 编辑器 IDLE。

步骤 2：导入要使用的库，其中 re 代表与正则表达式有关的库。

```
>>>import urllib.request
>>>import re
```

步骤 3：爬取某一页的具体内容。自定义函数 getcontent，设置的参数分别为：url 代表当前目的网页，page 代表当前页码。

```
>>>def getcontent(url,page)
```

步骤 4：模拟浏览器，获取目的网页响应内容。

```
>>>headers=("User-Agent","Mozilla/5.0 (Windows NT 10.0; WOW64)
AppleWebKit/537.36 (KHTML, like Gecko) Chrome/59.0.3071.115 Safari/537.36")
>>>opener=urllib.request.build_opener()
>>>opener.addheaders=[headers]
>>>data=opener.open(url).read().decode("utf=8")
```

步骤 5：提取用户和内容信息。

① 构建正则表达式，提取用户信息。

打开网站首页，查看源代码，发现用户"羡鱼"的代码如下：

```
<p class="user_name_list"><a href="https://www.pengfu.com/u/9769581"
target="_blank">羡鱼</a></p>
```

通过分析发现，当前页的用户名均可用正则表达式提取，"re.S"表示"."，匹配换行符（默认"."不匹配换行符），因此 Python 代码如下：

```
>>>userpat='<p class="user_name_list">(.*?)</p>'
>>>userlist=re.compile(userpat,re.S).findall(data)
```

② 构建正则表达式，提取内容信息。

同样地，查看关于用户发布内容的网页源代码，构建正则表达式的 Python 代码如下：

```
>>>contentpat='<h1 class="dp-b">(.*?)</h1>'
>>>contentlist=re.compile(contentpat,re.S).findall(data)
```

步骤 6：遍历 contentlist 中的内容，并将内容赋值给变量 name。name 的形式为 content1、content2、content3 等。

```
>>>x=1
>>>for content in contentlist:
>>>content=content.replace("\n","")
>>>name="content"+str(x)
```

```
>>>exec(name+'=content')
>>>x+=1
```

步骤 7：遍历 userlist 中的内容，并通过 exec()函数，输出 content1、content2 等变量对应的值。

```
>>>y=1
>>>for user in userlist:
>>>name="content"+str(y)
>>>print("用户第"+str(page)+"页"+"第"+str(y)+"个是:"+user)
>>>print("内容是:")
>>>exec("print("+name+")")
>>>y+=1
```

步骤 8：获取多页网页内容。这里将页码范围设置为 1～10 页，并且根据捧腹网的网址规律，构建通用的 url 网址格式。

```
>>>for   i in range(1,10):
>>>url="https://www.pengfu.com/index_"+str(i)+".HTML"
>>>getcontent(url,i)
```

如图 7-8 所示，为用户及其对应的内容信息。

```
用户第1页第1个是:<a href="https://www.pengfu.com/u/9769573" target="_blank">伯利恒小屋</a>
内容是:
<a href="https://www.pengfu.com/content_1724516_1.html" target="_blank">姑娘的技术真不错！</a>
用户第1页第2个是:<a href="https://www.pengfu.com/u/9563145" target="_blank">韩宝红(团长).qq</a>
内容是:
<a href="https://www.pengfu.com/content_1724497_1.html" target="_blank">来个神回夏</a>
用户第1页第3个是:<a href="https://www.pengfu.com/u/9775181" target="_blank">缘沐水濑</a>
内容是:
<a href="https://www.pengfu.com/content_1724496_1.html" target="_blank">我知道你在偷看</a>
用户第1页第4个是:<a href="https://www.pengfu.com/u/9769946" target="_blank">开心小政</a>
内容是:
<a href="https://www.pengfu.com/content_1724485_1.html" target="_blank">站着太累了</a>
用户第1页第5个是:<a href="https://www.pengfu.com/u/9774847" target="_blank">文艺青年</a>
内容是:
<a href="https://www.pengfu.com/content_1724480_1.html" target="_blank">什么定律</a>
用户第1页第6个是:<a href="https://www.pengfu.com/u/5104975" target="_blank">采妮</a>
内容是:
<a href="https://www.pengfu.com/content_1724270_1.html" target="_blank">理想中的美人鱼和现实版的海豹</a>
```

图 7-8　爬虫结果

7.2.2　网络爬虫异常处理

网络爬虫爬取网页的时候出现异常是再正常不过的事情了。而高级语言的一个优点就是它可以从容地处理错误，不至于因为一个小错误而导致整个程序崩溃。大部分高级语言处理错误的方法都是通过检测异常、处理异常来实现的。下面以 Python 为例简要介绍网络爬虫的异常处理。

1. 异常处理

当通过几十个代理 IP 实现爬虫操作时，如果其中一个代理 IP 突然不响应了就会报错，并且这种错误触发率极高。但是一个出问题并不会影响到整个脚本的任务，所以当捕获到此类异常的时候，直接忽略即可。

2. URLError

通常，在没有网络连接（没有路由到特定服务器），或者服务器不存在的情况，就会触发 URLError。这种情况下，异常通常会包含一个由错误编码和错误信息组成的 reason 属性。

3. HTTPError

HTTPError 是 URLError 的子类，服务器上每一个 HTTP 的响应都包含一个数字的"状态码"。有时候状态码会指出服务器无法完成的请求类型，一般情况下 Python 会自动处理一部分这类响应，如果有一些无法处理的，就会抛出 HTTPError 异常。这些异常包括典型的 404（页面不存在）、403（请求禁止）和 401（验证请求）。

7.3 行为日志采集

用户行为数据在现今的大数据时代越来越凸显出它的重要性，企业通过各种手段了解和分析用户的行为，提高网站的转换率、反映用户黏度，进而为产品管理和决策支持提供依据。

7.3.1 用户实时行为数据采集

用户行为日志采集是网站数据分析的第一步。而采集工具需要收集用户浏览目标网站的行为（如打开网页、停留时间、单击按钮、打开次数、客户端 IP、业务流步骤等）及行为附加数据（浏览器、操作系统、Cookies 等）。

根据目前以及短期内技术发展，目前用户访问的平台可以分为 3 种：PC 端、App 端、WAP 端。其中 PC 和 WAP 都是传统 Web 交互方式，因此可以算一种，而 App 端是指 Windows Phone、iOS、Android 等智能手机上的应用程序。移动端数据采集方式一般通过手动埋点，触发 Event 来实现。

本文将重点介绍 PC/Web 端，而 PC/Web 端主流的数据收集方式有 Web Service 记录、JS 嵌入收集、包嗅探器 3 种。目前，谷歌、百度、搜狗均在各自的统计产品中使用了 JS 嵌入搜集，即利用 JavaScript 埋点进行数据收集。

1. JavaScript 埋点进行数据收集

利用 JavaScript 埋点进行数据收集的基本流程如图 7-9 所示。

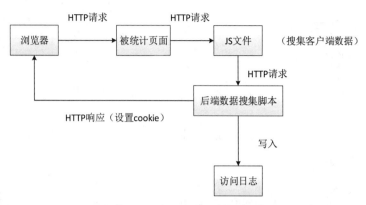

图 7-9 网站统计数据收集基本流程

① 用户的行为（比如打开网页）触发浏览器对被统计页面的一个 HTTP 请求。

② 页面中埋点的 JavaScript 片段会被执行，指向一个独立的 JS 文件，会被浏览器请求并执行，也就是数据采集过程。

③ 数据收集完成后，会将收集到的数据通过 HTTP 参数的方式传递给后端脚本，后端脚本解析参数并按固定格式记录到访问日志，同时可能会在 HTTP 响应中给客户端种植一些用于追踪的 Cookie。

2. JS 埋点案例

JS 埋点通过使用 JS 收集客户端的 Cookie 信息，发送到后台一组服务器。例如借助新浪 IP 地址库，显示本地城市名称代码如下：

```
<script src="http://int.dpool.sina.com.cn/iplookup/iplookup.php?format=js"
type="text/ecmascript"></script>
remote_ip_info.country
remote_ip_info.province
remote_ip_info.city
```

获取客户端 IP 代码如下：

```
<script language="JavaScript">
function GetLocalIPAddr(){
    var oSetting = null;
    var ip = null;
    try{
        oSetting = new ActiveXObject("rcbdyctl.Setting");
        ip = oSetting.GetIPAddress;
        alert(ip);
        if (ip.length == 0){
        return "没有连接到 Internet";
}
```

```
      oSetting = null;
    }catch(e){
  return ip;
    }
  return ip;
}
```

    获取用户的访问开始时间、访问结束时间，以及用户与网站的交互时间，代码如下。

```
var start = new Date();
var strStart = start.getFullYear()+"-"+(start.getMonth()+1)+"-"+start.getDate()+" "+
        start.getHours()+":"+start.getMinutes()+":"+start.getSeconds();
var len = 0;
var end;
var status = "in";
var second = 30;
function revive(){
  if(status == "out"){
    start = new Date();
    status = "in";
  }
  second = 30;
}
window.setInterval(function(){
  second -= 1;
  if(0 == second){
    end = new Date();
    len += (end.getTime() - start.getTime())/1000;
    status = "out";
  }
},1000);
$('body').click(function(){
  revive();
});
$('body').mousedown(function(){
  revive();
});
$('body').mouseup(function(){
  revive();
});
$('body').mousemove(function(){
  revive();
});
//(Firefox)
```

```
$('body').bind('DOMMouseScroll', function() {
    revive();
});
//(IE,Google)
$('body').bind('mousewheel',function(){
    revive();
});
$('body').keydown(function(e){
    revive();
});
$('body').keyup(function(e){
    revive();
});
$('body').keypress(function(e){
    revive();
});
window.onbeforeunload = function(){
    end = new Date();
    var strEnd = end.getFullYear()+"-"+(end.getMonth()+1)+"-"+end.getDate()+" "+
            end.getHours()+":"+end.getMinutes()+":"+end.getSeconds();
    len += (end.getTime() - start.getTime())/1000;
    var img = new Image();
    img.src = contextPath + "behavior?stayTime=" + len + "&strStart" + strStart + "
&lastDate=" + strEnd;
};
```

获取单击按钮事件的代码如下：

```
<a onclick="return getid(this.id)"> 按钮</a>
function getid(id) {
    var img = new Image();
    img.src = contextPath + "button?id=" + id;
}
```

7.3.2　用户实时行为数据分析

分析部分的工作有很多开源的基础设施可以使用，例如实时分析可以使用 Storm，而离线分析可以使用 Hadoop。下面简要介绍这些技术。

1. 行为日志采集相关技术

（1）Flume（日志收集系统）

Flume 是 Cloudera 提供的一个分布式、高可靠的、高可用的海量日志采集、聚合和传输的系统，它将各个服务器中的数据收集起来并送到指定的地方，如 HDFS。Flume 支持在日志系统中定制各类数据发送方，用于收集数据；同时，Flume 可对数据进行简单处理，并具有将数据写到多种数据接收方（如 HDFS、文本、HBase 等）的能力。

（2）Kafka

Kafka 是一种高吞吐量的分布式发布-订阅消息系统，最初由 LinkedIn 公司开发，之后成为 Apache 项目的一部分。它提供分布式的、可划分的、冗余备份的、持久性的日志服务，主要用来处理活跃的流式数据。Kafka 可以起到两个作用：一是降低系统组网的复杂度；二是降低编程的复杂度，各个子系统不再相互协商接口，各个子系统类似插口插在插座上，Kafka 起到高速数据总线的作用。

（3）Nginx

Nginx（读作"engine x"）是一款轻量级、高性能的 Web 服务器/反向代理服务器及电子邮件（IMAP/POP3）代理服务器。Nginx 相较于 Apache 和 Lighttpd 具有占有内存少、稳定性高等优势，并且以并发能力强、丰富的模块库和友好灵活的配置而闻名。在 Linux 操作系统下，Nginx 使用 Epoll 事件模型，得益于此，Nginx 在 Linux 操作系统下效率相当高。

（4）Hadoop

Hadoop 实现了一个分布式文件系统（Hadoop Distributed File System，HDFS）。作为一个批处理系统，Hadoop 以其吞吐量大、自动容错等优点，在海量数据处理中得到了广泛的使用。但是 Hadoop 的缺点也同样鲜明——延迟大、响应缓慢、运维成本高。

（5）Storm

Hadoop 的缺点，使得 Storm 大行其道。Storm 是由 BackType 开发的开源的分布式实时处理系统，支持水平扩展，具有高容错性，保证每个消息都会得到处理。Storm 的部署、运行和维护都很便捷，更为重要的是可以使用任意编程语言来开发应用。

2. 用户实时行为数据分析流程

用户实时行为数据分析流程如图 7-10 所示。

① Web 或 WAP 通过网页埋点实时发送用户行为数据至日志采集后端 Server，App 直接调用 http 接口，Server 通过 Logback 输出日志文件。

② Flume 通过 tail 命令监控日志文件变化，并通过生产者消费者模式将 tail 收集到日志推送至 Kafka 集群。

③ Kafka 根据服务分配 Topic，一个 Topic 可以分配多个 Group，一个 Group 可以分配多个 Partition。

④ Storm 实时监听 Kafka，流式处理日志内容，根据特定业务规则，

将数据实时存储至 Cache，同时根据需要可以写入 HDFS。

⑤ Kafka 直接写入 HDFS。

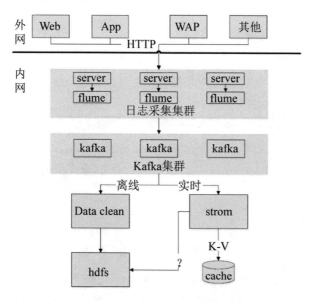

图 7-10　用户实时行为数据分析流程

总之，互联网是一个巨大和迅速发展的信息资源，利用网络爬虫抓取某些数据并用于分析用户行为是非常有意义的。但是由于网页的结构复杂、用户需求各异，因此任何数据采集软件都不可能完全满足用户需要。

7.4　上机练习与实训

实训题目：免费网站用户行为采集工具的使用

实训原理

Google Analytics（Google 分析，简称 GA）是 Google 的一款免费的网站分析服务。GA 功能非常强大，它创新性地引入了可定制的数据收集脚本，可以分析出来访用户信息、访问时间段、访问次数、页面跳出率等信息，并且还提供丰富详尽的图表式报告。国内的百度统计、搜狗分析等产品均沿用了谷歌分析的模式。

实训内容

（1）注册 GA 账号。

（2）网站埋点 GA 码。

（3）网站用户行为采集。

（4）网站用户行为数据分析。

实训指导

1. 注册 GA 账号

访问谷歌分析网址 http://www.google.cn/intl/zh-CN_ALL/analytics/ learn/index.HTML，单击登录，如图 7-11 所示。

图 7-11　注册 GA 账号

进入"新建账户"页面，根据提示输入账户名称、网站名称、网址、选择行业类别等信息；信息填写完整后，单击"获取跟踪 ID"；接受其"服务条款协议"。

2. 网站埋点 GA 码

网页跳转生成以下代码，如图 7-12 所示。

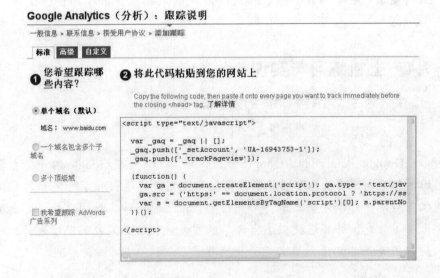

图 7-12　网站埋点 GA 码

复制该代码，添加到要跟踪的每个页面的<head>与</head>之间，单击"保存设置"按钮，如图 7-13 所示。

```
60        </script>
61        <link rel="stylesheet" href="http://www.lampblog.net/wp-content/plugins/wp-easyarchives
62  var _gaq = _gaq || [];
63  _gaq.push(['_setAccount', 'UA-18335296-1']);
64  _gaq.push(['_setLocalRemoteServerMode']);
65  _gaq.push(['_trackPageview']);
66  _gaq.push(['_trackPageLoadTime']);
67  (function() {
68    var ga = document.createElement('script'); ga.type = 'text/javascript'; ga.async = true;
69    ga.src = ('https:' == document.location.protocol ? 'https://ssl' : 'http://www') + '.googl
70    var s = document.getElementsByTagName('script')[0]; s.parentNode.insertBefore(ga, s);
71  })();
72  </script>
73  </head>
```

图 7-13　在页面中添加埋点代码

上传完成后，谷歌分析工具就添加成功了。

3.　网站用户行为数据分析

在 24 小时后登录 GA，单击"查看报告（View report）"选项可以
查看网站的数据分析，如图 7-14 所示。

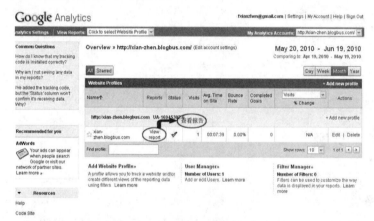

图 7-14　网站用户行为数据分析

使用此方法在报告里不会显示 Google Adwords 的流量，只显示搜
索流量，而且统计不到关键词，或是有 Google Adwords 的流量，但只
显示很少一部分，如图 7-15 所示。

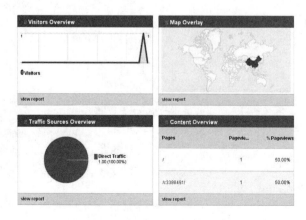

图 7-15　Google Adwords 的流量分析

如果需要更多数据，还需要做好 Google Adwords 与 Google Analytics（分析）的关联。访问 http://www.google.com/adwords 进入 Google Adwords，在"报告和工具"下找到 Google Analytics（分析），单击生成 Google Analytics（分析），如图 7-16 所示。

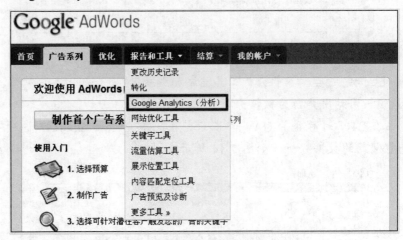

图 7-16 生成 Google Analytics（分析）

7.5 习题

用正则表达式将下面的 URL 分解为协议（ftp、http 等）、域地址和页/路径。

http://www.runoob.com:80/HTML/HTML-tutorial.HTML

第 8 章

清洗 RDBMS 数据实例

图书馆通常采用图书分类管理的形式管理图书。试想一下，如果图书馆不采用图书分类体系（例如经典理论、社会科学总论、军事、文学、历史、计算机科学、农业科学等），读者也许会花费更多的时间在寻找图书上。关系型数据库管理系统（Relational Database Management System，RDBMS）作为一种基于关系模型的数据库管理模型，存储情况也与图书馆的存储类似。RDBMS 采用关联表的形式存放结构化的数据，提高了用户查询信息的效率。另外，RDBMS 还具有以下优势：提供多用户同时访问数据库的功能，提供控制用户权限的功能。

正是拥有以上典型的优势，RDBMS 在全世界得到了广泛的应用。但 RDBMS 中存储的"脏"数据，影响了用户对数据的分析。因此，本章通过引进实例，从实践出发，介绍了清洗 RDBMS 数据的方法。内容包括清洗前的准备工作，以及数据库缺失值清洗、格式内容清洗、逻辑错误清洗、非需求数据清洗、数据脱敏处理等方法。

8.1 准备工作

在进行 RDBMS 数据清洗之前，需要进行 3 项准备工作，一是准备待清洗的数据集，二是搭建操作环境，三是抽取数据。下面将对每项工作进行详细介绍。

8.1.1　准备待清洗的数据集

本次使用的数据集来源于某校排课数据文件，文件类型为 xls。数据集一共包含 30 个字段，其中包括：课程代码（ccode）、课程名称（cname）、教师职工号（tcode）、教师姓名（tname）、职称（professional）、周学时（w_period）、学分（score）、课程性质（cproperty）、备注（remark）等。分析排课数据集后发现，某些字段内容存在缺失值，某些字段内容出现格式错误或逻辑错误。另外，还有教师信息表 teacher_info 作为辅助查询表，里面包含所有教师的完整信息，例如教师编号（tcode）、教师姓名（tname）、教师职称（professional）等。

8.1.2　搭建操作环境

环境的搭建包括安装 MySQL 数据库、安装 Navicat 软件、安装 ETL 工具、用 ETL 工具连接数据库。

本章 ETL 工具选择 Pentaho Data Integration 6.1（也称作 Kettle）。在运行 Kettle 前，需进行 Java 环境的配置。Java 环境的配置需要下载 1.4 或更高版本的 jdk 软件。软件安装完成后，再进行系统环境变量配置。环境变量的配置涉及 3 个变量，包括 JAVA_HOME、CLASSPATH 和 Path，其中 JAVA_HOME 是 jdk 软件的安装路径。Java 环境配置完毕后，在命令行界面输入"java -version"指令，若能够显示 Java 安装版本，则表示 Java 环境配置成功。如图 8-1～图 8-3 所示为 Java 环境配置涉及的相关变量。

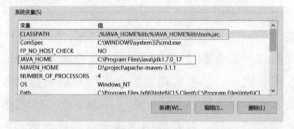

图 8-1　Java 环境变量 CLASSPATH 与 JAVA_HOME

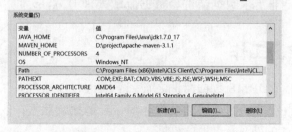

图 8-2　Java 环境变量 Path

下面介绍 Kettle 连接数据库的详细步骤。

步骤 1：将下载的 Kettle 压缩包解压到自定义的安装路径下。因为 Kettle 的编写语言为 Java 语言，因此为了实现 Kettle 与 MySQL 数据库的连接，需要一个连接包。此次操作使用的连接包名为 mysql-connector-java-5.1.32，需放入 Kettle 安装目录下的 libswt-win64 目录下。

步骤 2：双击安装目录中的 Spoon.bat 文件，进入 Spoon 界面。按 Ctrl+N 快捷键，建立"转换 1"。

步骤 3：双击 Navicat 应用程序，打开 MySQL 数据库。

步骤 4：双击"转换 1"下的 DB 连接，弹出数据库连接界面。连接类型选择 MySQL，连接方式选择 Native（JDBC）。根据实际情况填写连接名称、主机名称、数据库名称、端口号、用户名、密码，并单击"测试"按钮，若连接成功，则出现如图 8-4 所示的提示界面。

图 8-3　编辑 Java 环境变量　　　图 8-4　Kettle 连接 MySQL 数据库成功

8.1.3　数据导入 MySQL

下面介绍用 Kettle 工具将排课数据导入 MySQL 的过程。

步骤 1：新建数据转换，如图 8-5 所示。

图 8-5　新建转换

步骤 2：进入核心对象栏，在"输入"文件夹下选择"Excel 输入"文件，并将其拖曳到编辑区，如图 8-6 所示。

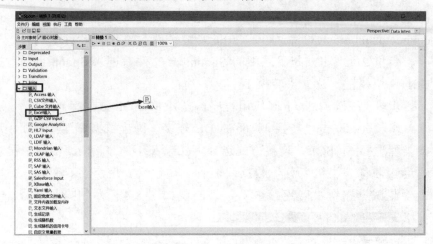

图 8-6　建立 Excel 输入

步骤 3：双击"Excel 输入"图标，进入"Excel 输入"界面，添加排课文件，如图 8-7 所示。

图 8-7　添加 Excel 文件

步骤 4：选择"工作表"选项卡，单击"获取工作表名称"按钮，选择需要导入数据的 sheet 表，然后单击"确定"按钮，如图 8-8 所示。

步骤 5：选择"字段"选项卡，单击"获取来自头部数据的字段"按钮，得到获取字段的结果，再单击"确定"按钮，如图 8-9 所示。

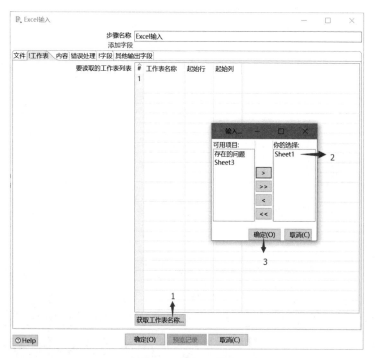

图 8-8　添加工作表

#	名称	类型	长度	精度	去除空格类型	重复	格式	货币符号	小数	分组
1	课程代码	String			none	N				
2	课程名称	String			none	N				
3	教师职工号	String			none	N				
4	教师姓名	String			none	N				
5	职称	String			none	N				
6	周学时	String			none	N				
7	起止周	String			none	N				
8	学分	Number			none	N				
9	上课时间	String			none	N				
10	上课地点	String			none	N				
11	总学时	String			none	N				
12	讲课学时	Number			none	N				
13	实验学时	Number			none	N				
14	上机学时	Number			none	N				
15	选课课号	String			none	N				
16	计划人数	Number			none	N				
17	已选人数	Number			none	N				
18	课程性质	String			none	N				
19	课程类别	String			none	N				
20	考核方式	String			none	N				
21	考试方式	String			none	N				
22	合班信息	String			none	N				
23	开课学院	String			none	N				
24	校区	Number			none	N				

获取来自头部数据的字段…

图 8-9　输入的 Excel 中字段的配置

步骤 6：因为要将 Excel 表中的数据输出到数据库表中，因此将"输出"文件夹下的"表输出"文件拖曳到编辑区，按住 Shift 键并拖动鼠标左键，建立 Excel 输入与表输出的联系，如图 8-10 所示。

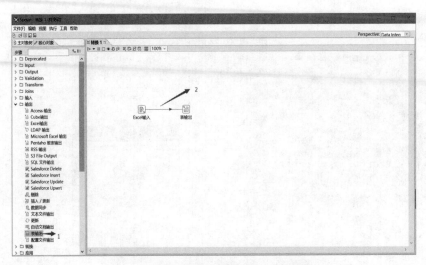

图 8-10　连接"Excel 输入"与"表输出"

　　步骤 7：双击"表输出"图标，打开"表输出"操作界面。单击数据库连接选项右侧的"新建"按钮，弹出数据库连接界面。连接类型选择 MySQL，并在设置栏填写详细信息，最后单击"确定"按钮，如图 8-11 所示。

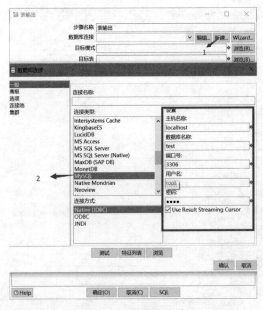

图 8-11　数据库连接

　　步骤 8：打开 Navicat 软件，在 test 数据库下建立名为"course_info"的表，并定义表字段名称和类型。进入 Kettle 表输出选项卡，单击目标表右侧的"浏览"按钮，添加名为"course_info"的目标表，并单击"确定"按钮，如图 8-12 所示。

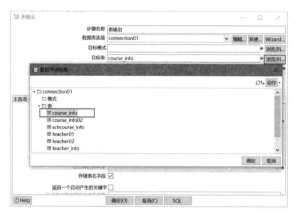

图 8-12　添加目标表

步骤 9：选择"表输出"中的"指定数据库字段"，并单击"输入字段映射"按钮，弹出映射匹配界面，将 Excel 表中的字段与数据库表中的目标字段进行匹配，单击"确定"按钮。

步骤 10：单击运行"转换"按钮，完成转换，从而实现数据的导入操作，如图 8-13 所示。

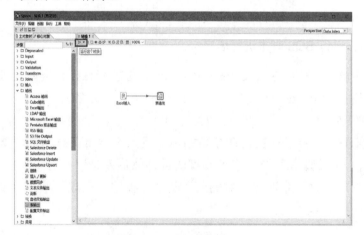

图 8-13　实现转换功能

8.2　数据库数据清洗

利用 Kettle 软件将数据成功导入数据库后，发现数据存在诸多问题。例如，某些字段存在缺失值，某些字段的内容格式存在错误，某些字段内容出现逻辑错误。下面将针对具体情况，阐述数据的清洗工作。

8.2.1　缺失值清洗

字段缺失值的清洗关键在于清洗策略的选择。根据字段的重要性和

字段内容的缺失率，清洗策略可以分为以下几类（参见文末参考文献
[12]），如表 8-1 所示。

表 8-1　清洗策略分类

重 要 性	缺 失 率	策　　略
高	高	1. 尝试从其他渠道取数补全 2. 使用其他字段通过计算获取
高	低	通过经验或业务知识统计
低	低	不做处理或者简单填充
低	高	去除字段，并在结果中标明

　　分析导入数据库 test 的表 course_info，发现 professional（职称）字
段中内容缺失率较高，达 43%。结合实际情况，发现此字段的重要性较
高，所以采取从其他渠道取数补全的清洗策略。本节将结合另一张教师
信息表 teacher_info 中完整的 professional 字段信息，利用 Kettle 对
course_info 表中 professional 字段的缺失值进行填充。即将 course_info
作为待填充表，teacher_info 作为填充表。签于 Kettle 软件的特点，本
节采用编写 SQL 脚本语言和使用控件两种方式完成填充。

1. 运行 SQL 脚本进行填充

　　步骤 1：使用 Kettle 将 teacher_info 表导入 test 数据库，表字段包
括标识符 t_id、tcode（教工号）、t_name（教师姓名）、professional（职
称）等字段。

　　步骤 2：新建连接，连接数据库。进入 Spoon 界面，将"脚本"→
"执行 SQL 脚本"控件拖曳到编辑区；然后双击"执行 SQL 脚本"控
件，单击"数据库连接"右侧的"新建"按钮，完成与数据库 test 的连
接，如图 8-14 所示。

图 8-14　实现数据库连接

步骤 3：编辑 SQL 脚本。在 SQL 脚本框中输入待执行的 SQL 语句，单击"确定"按钮即可，如图 8-15 所示。

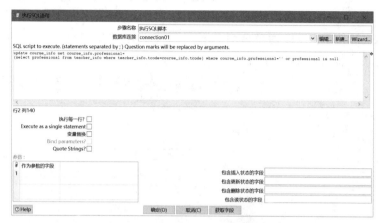

图 8-15　编辑 SQL 语句

步骤 4：单击"运行转换"按钮，即可执行 SQL 语句。

2. 运用控件进行填充

步骤 1：建立表输入。将"输入"→"表输入"控件拖曳到编辑区，双击"表输入"控件，打开"表输入"操作界面。单击"数据库连接"选项右侧的"新建"按钮，建立数据库连接，具体操作参见 8.1.3 节步骤 7。在 SQL 脚本框中编辑 SQL 脚本，采用外连接实现待填充表 course_info 与填充表 teacher_info 的关联，如图 8-16 所示。再单击"确定"按钮，将两个表综合的信息作为本次转换的输入流。

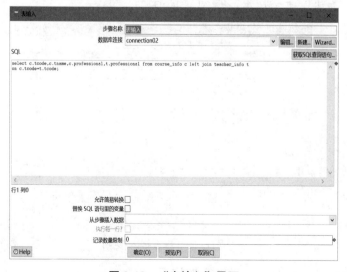

图 8-16　"表输入"界面

步骤 2：建立"表输入""过滤记录""插入/更新"之间的连接，如图 8-17 所示。

步骤 3：设置"过滤记录"。只有当待填充表 course_info 中的 professional 字段值为空或者为空字符串时才实现填充功能，因此在过滤记录中需注明过滤条件，如图 8-18 所示。

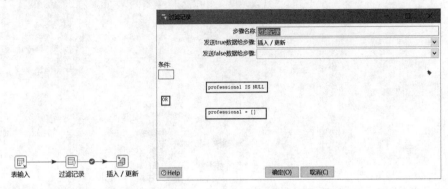

图 8-17　建立连接　　　　　　　　图 8-18　设置过滤记录

步骤 4：设置"插入/更新"选项。双击"插入/更新"控件，数据库连接与"表输入"数据库连接一致，目标表对应待填充的表 course_info。"用来查询的关键字"列表中，"表字段"栏填写目标表 course_info 中的字段，"流里的字段 1"和"流里的字段 2"栏填写输入流中的字段，这里将"course_info 中的 tcode 字段等于流字段 tcode"作为查询条件。"更新字段"列表中，"表字段"栏填写目标表待填充的字段，"流字段"栏填写填充的字段，"更新"栏选择 Y。最后单击"确定"按钮，完成字段的填充，如图 8-19 所示。

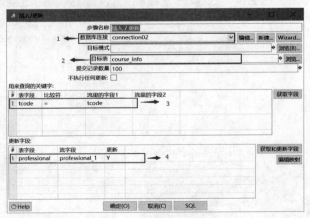

图 8-19　设置插入/更新

步骤 5：单击"运行转换"按钮。

8.2.2 格式内容清洗

造成格式内容错误的原因大致可分为以下两类：

一是不同数据源的数据标准不一致，即使导入过程正确，也使得最后数据显示格式不一致。如表 8-2 所示，为不同数据源的数据格式。

表 8-2 不同数据源的数据格式

数 据 维 度	数据源 1	数据源 2
日期	2017-05-21	21/05/2017
时间	16:22:30	16 时 22 分
数值	1231.00	1231.000
货币	￥1,234.100	￥1,234.10
民族	汉	汉族
性别	男/女	男性/女性

第二种情况是，人工导入过程出现错误或者数据检验工作不充分，导致导入的数据存在不符合常规的内容。例如，在 course_info 表中，考核方式字段 assess_method 内容混入了空格，如 assess_method='考 查'，将这种情况定义为"格式错误类型 1"。另外，在 tname（教师姓名）字段下出现了 tname='20168'的情况，而经过分析发现部分 tname 的值等于 tcode（教师编号）的值，将这种情形定义为"格式错误类型 2"。

下面针对以上两种类型，采用编写 SQL 脚本和使用控件两种方式对相关内容进行清洗。

1. 对"格式错误类型 1"进行清洗

（1）运行 SQL 脚本对"格式错误类型 1"进行清洗

步骤 1：新建转换。

步骤 2：连接数据库。进入 Spoon 界面，将"脚本"文件夹下的"执行 SQL 脚本"控件拖曳到编辑区；然后双击"执行 SQL 脚本"控件，单击"数据库连接"选项右侧的"新建"按钮，完成与数据库 test 的连接。

步骤 3：编辑 SQL 脚本。在 SQL 脚本框中输入待执行的 SQL 语句，单击"确定"按钮即可，SQL 语句如下。

```
update course_info set assess_method=replace(assess_method,' ',' ')
```

步骤 4：单击"运行转换"按钮。

（2）运用控件对"格式错误类型 1"进行清洗

步骤 1：建立表输入。将"表输入"控件拖曳到右侧编辑区，双击"表输入"控件，打开"表输入"操作界面。单击"数据库连接"选项右侧的"新建"按钮，建立数据库连接，具体操作参见 8.1.3 节步骤 7。在 SQL 脚本框中编辑 SQL 脚本，其中 ccode 为课程编号，assess_method 为考核方式，如图 8-20 所示，再单击"确定"按钮。最后将查询结果作为本次转换的输入流。

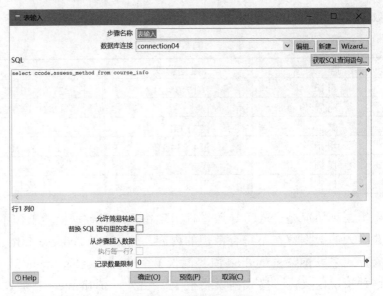

图 8-20　"表输入"界面

步骤 2：建立"表输入""字符串操作""插入/更新"之间的连接，如图 8-21 所示。

图 8-21　建立连接

步骤 3：设置"字符串操作"内容。in stream field 为输入流字段，填写需要进行字符串操作的字段；Out stream field 为输出流字段，因为是直接修改 assess_method 字段内容，所以这一栏不填内容；Trim type 为移除字符串两侧空白字符或者其他预定义字符的方式，这里选择 none；Lower/Upper 指定字符串的大小写，这里选择 none；Padding、Pad char、Pad Length 是对字符串填充操作的设置；最后一栏 Remove Special character 表示移除的特殊字符，这里设置为空格，最后单击"确定"按钮即可，具体设置如图 8-22 所示。

步骤 4：设置"插入/更新"内容。双击"插入/更新"控件，数据库连接与"表输入"数据库连接一致，目标表对应待填充的表 course_info。"用来查询的关键字"列表中，"表字段"一栏为目标表

course_info 中的字段，"流里的字段 1"一栏为输入流中的字段，这里将"course_info 中的 ccode 字段等于流字段 ccode"作为查询条件。"更新字段"列表填写目标表待删除空格的字段 assess_method，"流字段"一栏填写更新的字段，"更新"一栏选择 Y。最后单击"确定"按钮，完成对字段中空格符的清洗，所有设置如图 8-23 所示。

图 8-22　字符串操作设置

图 8-23　设置插入/更新

步骤 5：单击"运行转换"按钮。

2．对"格式错误类型 2"进行清洗

下面对"格式错误类型 2"进行清洗。正常情况下，tname（教师姓名）一般是中文或者英文，因此需要将 tname 字段下不是中文或者英文的内容筛选出，之后与 teacher_info（教师信息表）做关联，将读取到的正确的 tname 值填充到 course_info 表中。

（1）运行 SQL 脚本对"格式错误类型 2"进行清洗

步骤 1：新建转换。

步骤 2：连接数据库。进入 Spoon 界面，将"脚本"→"执行 SQL 脚本"控件拖拽到编辑区；然后双击"执行 SQL 脚本"控件，新建数据库连接，完成与数据库 test 的连接。

步骤 3：编辑 SQL 脚本。在 SQL 脚本框中输入待执行的 SQL 语句，单击"确定"按钮即可，如图 8-24 所示。

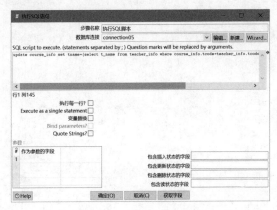

图 8-24　编辑 SQL 语句

步骤 4：单击"运行转换"按钮即可完成转换。

（2）运用控件对"格式错误类型 2"进行清洗

步骤 1：建立表输入。将"表输入"控件拖曳到编辑区，双击"表输入"控件，打开"表输入"操作界面。单击"数据库连接"选项右侧的"新建"按钮，建立数据库连接，具体操作参见 8.1.3 节步骤 7。在 SQL 脚本框中编辑 SQL 脚本，其中 tcode 为教工编号，tname、t_name 均为教师姓名。通过左连接，实现两张表的关联，如图 8-25 所示，再单击"确定"按钮。最后将查询结果作为本次转换的输入流。

图 8-25　"表输入"界面

步骤 2：建立"表输入""正则表达式""插入/更新"之间的连接，如图 8-26 所示。

步骤 3：设置"正则表达式"。"要匹配的字段"填写需要更改内容的字段 tname，Result field name 为必填项，"正则表达式"过滤 tname 为中文和

图 8-26　建立连接

英文的内容，最后单击"确定"按钮即可，具体设置如图 8-27 所示。

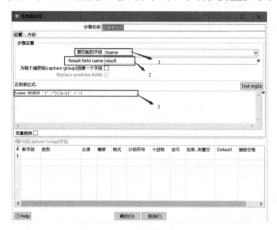

图 8-27　正则表达式控件

步骤 4：设置"插入/更新"内容。双击"插入/更新"控件，数据库连接与"表输入"数据库连接一致，目标表对应待填充的表 course_info。"用来查询的关键字"列表中，"表字段"一栏为目标表 course_info 中的字段，"流里的字段 1"一栏为输入流中的字段，这里将"course_info 中的 tcode 字段等于流字段 tcode"作为查询条件。"更新字段"列表填写目标表待更新的字段 tname，"流字段"一栏填写更新的字段 t_name，"更新"一栏选择 Y，最后单击"确定"按钮。所有设置如图 8-28 所示。

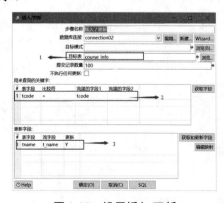

图 8-28　设置插入/更新

步骤 5：单击"运行转换"按钮即可完成转换。

8.2.3 逻辑错误清洗

逻辑错误数据的清洗可分为以下两类：

一是去掉重复的数据。在 course_info 表中存在所有字段内容都相同的情况，此为完全重复。

二是修正矛盾内容。在 course_info 表中存在"总学时=上机学时+实验学时+讲课学时"的关系，但是实际的数据结果并非如此。比如第238 条数据：总学时为 40，上机学时、实验学时、讲课学时均为 0，显然不符合逻辑；第 282 条数据：总学时为 64，上机学时为 0，实验学时为 0，讲课学时为 40。

下面针对以上两种类型，采用编写 SQL 脚本语言和使用控件两种方式对相关内容进行清洗。

1．对"逻辑错误类型 1"进行清洗

（1）运行 SQL 脚本对"逻辑错误类型 1"进行清洗

步骤 1：新建转换。

步骤 2：连接数据库。进入 Spoon 界面，将"脚本"→"执行 SQL 脚本"控件拖曳到编辑区；然后双击"执行 SQL 脚本"控件，新建数据库连接，完成与数据库 test 的连接。

步骤 3：编辑 SQL 脚本。在 SQL 脚本框中输入待执行的 SQL 语句，单击"确定"按钮即可，如图 8-29 所示。关键字 group by 后面应跟 course_info 表中的所有字段（为了展示方便，这里只显示部分字段）。

图 8-29　编辑 SQL 语句

步骤 4：单击"运行转换"按钮。

（2）运用控件对"逻辑错误类型 1"进行清洗

步骤 1：建立表输入。将"表输入"控件拖曳到编辑区，双击"表输入"控件，打开"表输入"操作界面。单击"数据库连接"选项右侧的"新建"按钮，建立数据库连接，具体操作参见 8.1.3 节步骤 7。在 SQL 脚本框中编辑 SQL 脚本，其中 order by 后面的字段是要求去重的字段，因为这里要求去掉完全重复的字段，因此 order by 后面是 course_info 表中的所有字段（为了展示方便，这里只显示部分字段），如图 8-30 所示，再单击"确定"按钮。最后将查询结果作为本次转换的输入流。

图 8-30 "表输入"界面

步骤 2：建立"表输入""去除重复记录""表输出"之间的连接，如图 8-31 所示。

图 8-31 建立连接

步骤 3：设置"去除重复记录"。"用来比较的字段"列表中填写 course_info 表中的所有字段，具体设置如图 8-32 所示。

图 8-32 "去除重复记录"界面

步骤 4：设置"表输出"。在数据库 test 中新建 course_info02 表存放处理后的数据，数据库字段应与流字段匹配。

步骤 5：单击"运行转换"按钮。

2. 对"逻辑错误类型 2"进行清洗

（1）运行 SQL 脚本对"逻辑错误类型 2"进行清洗

步骤 1：新建转换。

步骤 2：连接数据库。进入 Spoon 界面，将"脚本"文件夹中的"执行 SQL 脚本"控件拖曳到编辑区；然后双击"执行 SQL 脚本"控件，新建数据库连接，完成与数据库 test 的连接。

步骤 3：编辑 SQL 脚本。在 SQL 脚本框中输入待执行的 SQL 语句，单击"确定"按钮即可。如图 8-33 所示为 SQL 脚本语言的编辑界面。

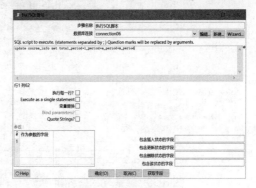

图 8-33　编辑 SQL 语句

步骤 4：单击"运行转换"按钮。

（2）运用控件对"逻辑错误类型 2"进行清洗

步骤 1：建立表输入。将"表输入"控件拖曳到编辑区，双击"表输入"控件，打开"表输入"操作界面。单击"数据库连接"选项右侧的"新建"按钮，建立数据库连接，具体操作参见 8.1.3 节步骤 7。在 SQL 脚本框中编辑 SQL 脚本，其中 c_id 为标识 id，total_period 为总学时，l_period 为讲课学时，e_period 实验学时，m_period 为上机学时，单击"确定"按钮即可，如图 8-34 所示。

图 8-34　"表输入"界面

步骤 2：建立"表输入""计算器""插入/更新"之间的连接，如图 8-35 所示。

步骤 3：设置"计算器"。新字段 total 的值等于 l_period、e_period、m_period 之和，如图 8-36 所示。

图 8-35　建立连接　　　　　　　　图 8-36　设置计算器

步骤 4：设置"插入/更新"。"更新字段"列表中，course_info 表中的 total_period 为待更新字段，流中的 total 字段为更新字段，如图 8-37 所示。

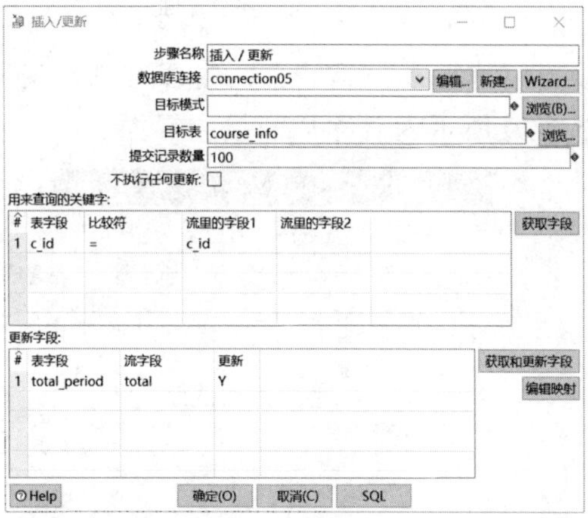

图 8-37　设置插入更新

步骤 5：单击"运行转换"按钮。

8.2.4　非需求数据清洗

所谓非需求数据清洗，就是删除对业务不重要的字段。在进行这一操作前，备份源数据显得相当重要。Kettle 中使用"字段选择"控件中的"移除"功能可以实现字段的删除操作。

8.3　数据脱敏处理

数据脱敏（Data Masking）是指用随机字符或数据隐藏原始数据的过程。一般需要进行数据脱敏处理的数据包括个人识别数据、个人敏感数据和商业敏感数据等。Kettle 数据加密包括 4 种类型：对称加密、PGP加密流、PGP 解密流、生成密钥。

1. DES 加密

DES（Data Encryption Standard）是对称加密的一种实现，即加密、解密运算所使用的密钥是相同的。下面介绍对 course_info 表中 tcode 字段进行 DES 加密。

步骤 1：建立表输入。实现从数据库表 course_info 中读取标识符 c_id、教师编号 tcode。为了实现 DES 加密，需要提前将 tcode 的类型转换为 binary。另外，在脱敏处理前最好进行数据备份。

步骤 2：建立"表输入""对称加密""Excel 输出"之间的连接，如图 8-38 所示。

图 8-38　连接界面

步骤 3：设置对称加密信息。密钥内容可以自定义，但是长度必须为 8byte，如图 8-39 所示为对称加密设置界面。

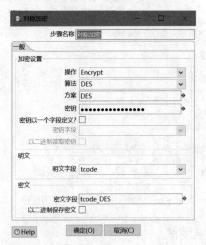

图 8-39　对称加密设置界面

步骤 4：设置 Excel 表输出。包括设置文件存储路径以及输出字段内容、格式。

步骤 5：单击"运行转换"按钮。

AES 加密除了密钥为 16byte 以外，其他操作与 DES 类似，这里不再赘述。

2. PGP 加密流

PGP（Pretty Good Privacy）加密属于非对称加密，在使用 Kettle 的 PGP 加密流之前，需要安装 Gpg 4win 软件生成密钥。

步骤 1：下载安装 Gpg4win 软件。

步骤 2：创建证书。双击 Gpg4win/bin/kleopatra.exe，进入 kleopatra 界面。单击 file 按钮，创建新的认证。

步骤 3：选择认证格式。如图 8-40 所示，单击 Next 按钮。

图 8-40　选择认证格式

步骤 4：创建个人信息。个人信息包括姓名、邮件、注释等。填写完成后，单击 Next 按钮，如图 8-41 所示。

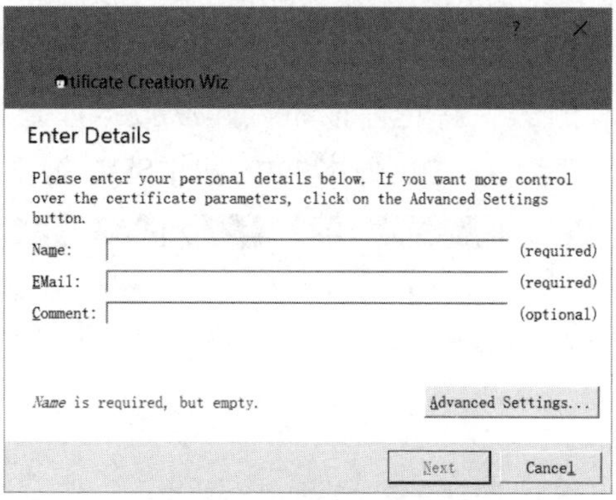

图 8-41　填写个人信息

步骤 5：进入证书参数查看界面。确认参数后，单击 Create Key 按钮，如图 8-42 所示。

步骤 6：输入密钥，如图 8-43 所示，然后单击 OK 按钮。

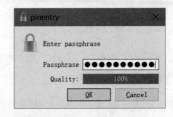

图 8-42 参数查看界面　　　　　　图 8-43 输入密钥

步骤 7：单击 Finish 按钮，如图 8-44 所示。

图 8-44 密钥创建成功界面

步骤 8：建立表输入。打开 Kettle，将"表输入"控件拖曳到右侧编辑区，双击"表输入"控件，打开"表输入"操作界面。单击"数据库连接"选项右侧的"新建"按钮，建立数据库连接，具体操作参见 8.1.3 节步骤 7。然后在 SQL 脚本框中编辑 SQL 脚本，如图 8-45 所示。

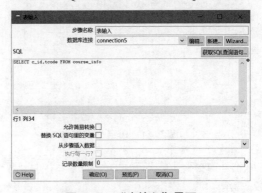

图 8-45 "表输入"界面

步骤 9：建立"表输入""PGP 加密流""Excel 输出"之间的连接，

如图 8-46 所示。

　　步骤 10：编辑 PGP 加密流控件。GPG location 指向 gpg 执行文件的目录，Key name 为之前创建认证时输入的用户名，Data fieldname 为待加密的字段名，Result fieldname 为加密后的字段名。完善以上信息后，单击"确定"按钮，如图 8-47 所示。

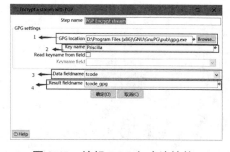

图 8-46　建立连接　　　　　　　　图 8-47　编辑 PGP 加密流控件

　　步骤 11：设置 Excel 表输出。设置文件存储路径以及输出字段内容、格式。

　　步骤 12：单击"运行转换"按钮。

　　数据脱敏除了进行加密外，还可用字符代替数据的部分内容。为了更好地说明问题，我们选用 teacher_info 表中的 i_card（身份证号）、phone（电话）、b_card（银行卡号）进行脱敏处理。身份证号一般由 6 位数字地址，出生年、月、日，顺序码，校验码几个部分组成。身份证号的脱敏规则为用"*"替代月、日；手机号码的脱敏规则为用"*"替代第 4～7 位内容；银行卡号的脱敏规则为用"*"替代第 7～15 位的内容。具体操作如下。

　　步骤 1：建立表输入。将"表输入"控件拖曳到编辑区，双击"表输入"控件，打开"表输入"操作界面。单击"数据库连接"选项右侧的"新建"按钮，建立数据库连接，具体操作参见 8.1.3 节步骤 7。在 SQL 脚本框中编辑 SQL 脚本，如图 8-48 所示，其中 t_id 为标识符。

图 8-48　"表输入"界面

步骤 2：建立"表输入""字符串替换""插入/更新"之间的连接。

步骤 3：设置"字符串替换"。"输入流字段"是指需要脱敏的字段；"使用正则表达式"选择"是"；"搜索"栏下填写匹配的数字位数，具体参照上述定义的脱敏规则；替换的字符为"*"，再单击"确定"按钮即可，如图 8-49 所示。

图 8-49　设置字符串替换

步骤 4：设置"插入/更新"。设置内容如图 8-50 所示。

图 8-50　设置"插入/更新"

步骤 5：单击"运行转换"按钮。

至此，针对 RDBMS 数据的清洗工作基本完成。清洗内容包括数据库缺失值清洗、格式内容清洗、逻辑错误清洗、非需求数据清洗、数据脱敏处理。大数据清洗的方法还有很多，今后还需要针对不同情况继续探索。

8.4　习题

1．练习使用 Kettle 软件对数据库缺失值进行清洗。

2．练习使用 Kettle 软件对数据库格式错误内容进行清洗。

3．练习使用 Kettle 软件对数据库中逻辑错误的数据进行清洗。

4．练习使用 Kettle 软件删除数据库中的非需求数据。

5．练习使用 Kettle 软件对数据库中的敏感数据进行脱敏处理，包括加密以及特殊字符替换两种方法。

参考文献

[1] 梁文斌. 数据清洗技术的研究及其应用[D]. 苏州：苏州大学，2005.

[2] 王日芬，章成志，张蓓蓓，等. 数据清洗研究综述[J]. 现代图书情报技术，2007，3（12）：35-39.

[3] 姜燕生，李凡. 数据挖掘中的数据准备工作[J]. 湖北工学院学报，2003，18（6）：21-24.

[4] 邓莎莎，陈松乔. 基于异构数据抽取清洗模型的元数据的研究[J]. 计算机工程与应用，2004，30（1）：175-178.

[5] MEGAN SQUIRE. 干净的数据——数据清洗入门与实践[M]. 任政委，译. 北京：人民邮电出版社，2016.

[6] 包从剑. 数据清洗的若干关键技术研究[D]. 镇江：江苏大学，2007.

[7] 周芝芬. 基于数据仓库的数据清洗方法研究[D]. 上海：东华大学，2004.

[8] 杨宏娜. 基于数据仓库的数据清洗技术研究[D]. 天津：河北工业大学，2006.

[9] 张军鹏. 数据仓库与数据挖掘中数据清洗的研究[D]. 保定：华北电力大学，2005.

[10] 陈松. 数据仓库中的数据质量研究及数据清洗工具 DataCleaner 的设计[D]. 沈阳：东北大学，2003.

[11] 林子雨，Fay Chang, Jeffery Dean, et al. Google BigTable[J]. 2010.

[12] 陈丹奕. 数据清洗的一些梳理[EB/OL]. [2016-03-27]. http://www.sohu.com/a/66109558_116235.

附录 A

大数据和人工智能实验环境

1. 大数据实验环境

一方面，大数据实验环境安装、配置难度大，高校难以为每个学生提供实验集群，实验环境容易被破坏；另一方面，实用型大数据人才培养面临实验内容不成体系、课程教材缺失、考试系统不客观、缺少实训项目以及专业师资不足等问题，实验开展束手束脚。

大数据实验平台（bd.cstor.cn）可提供便捷实用的在线大数据实验服务。同步提供实验环境、实验课程、教学视频等，帮助轻松开展大数据教学与实验。在大数据实验平台上，用户可以根据学习基础及时间条件，灵活安排 3～7 天的学习计划，进行自主学习。大数据实验平台 1.0 界面如图 A-1 所示。

图 A-1　大数据实验平台 1.0 界面

作为一站式的大数据综合实训平台,大数据实验平台同步提供实验环境、实验课程、教学视频等,方便轻松开展大数据教学与实验。平台基于 Docker 容器技术,可以瞬间创建随时运行的实验环境,虚拟出大量实验集群,方便上百个用户同时使用。通过采用 Kubernates 容器编排架构管理集群,用户实验集群隔离、互不干扰,并可按需配置包含 Hadoop、HBase、Hive、Spark、Storm 等组件的集群,或利用平台提供的一键搭建集群功能快速搭建。

实验内容涵盖 Hadoop 生态、大数据实战原理验证、综合应用、自主设计及创新的多层次实验内容等,每个实验呈现详细的实验目的、实验内容、实验原理和实验流程指导。实验课程包括 36 个 Hadoop 生态大数据实验和 6 个真实大数据实战项目。平台内置数据挖掘等教学实验数据,也可导入高校各学科数据进行教学、科研,校外培训机构同样适用。

此外,如果学校需要自己搭建专属的大数据实验环境,BDRack 大数据实验一体机(http://www.cstor.cn/proTextdetail_11007.html)可针对大数据实验需求提供完善的使用环境,帮助高校建设搭建私有的实验环境。其部署规划如图 A-2 所示。

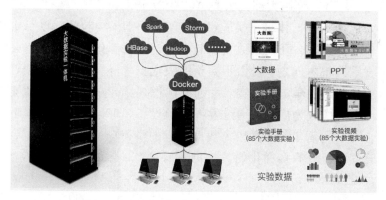

图 A-2　BDRack 大数据实验一体机部署规划

基于容器 Docker 技术,大数据实验一体机采用 Mesos+ZooKeeper+Marathon 架构管理 Docker 集群。实验时,系统预先针对大数据实验内容构建好一系列基于 CentOS 7 的特定容器镜像,通过 Docker 在集群主机内构建容器,充分利用容器资源高效的特点,为每个使用平台的用户开辟属于自己完全隔离的实验环境。容器内部,用户完全可以像使用 Linux 操作系统一样地使用容器,并且不会被其他用户的集群造成任何影响,只需几台机器,就可能虚拟出能够支持上百个用户同时使用的隔离集群环境。图 A-3 所示为 BDRack 大数据实验一体机系统架构。

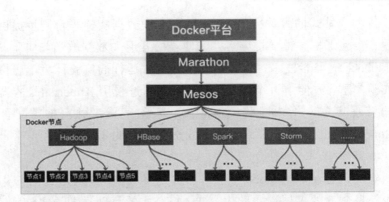

图 A-3　BDRack 大数据实验一体机系统架构

硬件方面，采用 cServer 机架式服务器，其英特尔®至强®处理器 E5 产品家族的性能比上一代提升多至 80%，并具备更出色的能源效率。通过英特尔 E5 家族系列 CPU 及英特尔服务器组件，可满足扩展 I/O 灵活度、最大化内存容量、大容量存储和冗余计算等需求；软件方面，搭载 Docker 容器云可实现 Hadoop、HBase、Ambari、HDFS、YARN、MapReduce、ZooKeeper、Spark、Storm、Hive、Pig、Oozie、Mahout、Python、R 语言等绝大部分大数据实验应用。

大数据实验一体机集实验机器、实验手册、实验数据以及实验培训于一体，解决怎么开设大数据实验课程、需要做什么实验、怎么完成实验等一系列根本问题。提供了完整的大数据实验体系及配套资源，包含大数据教材、教学 PPT、实验手册、课程视频、实验环境、师资培训等内容，涵盖面较为广泛，通过发挥实验设备、理论教材、实验手册等资源的合力，大幅度降低高校大数据课程的学习门槛，满足数据存储、挖掘、管理、计算等多样化的教学科研需求。具体的规格参数表如表 A-1 所示。

表 A-1　规格参数表

配套/型号	经 济 型	标 准 型	增 强 型
管理节点	1 台	3 台	3 台
处理节点	6 台	8 台	15 台
上机人数	30 人	60 人	150 人
实验教材	《大数据导论》50 本 《大数据实践》50 本 《实战手册》PDF 版	《大数据导论》80 本 《大数据实践》80 本 《实战手册》PDF 版	《大数据导论》180 本 《大数据实践》180 本 《实战手册》PDF 版
配套 PPT	有	有	有
配套视频	有	有	有
免费培训	提供现场实施及 3 天技术培训服务	提供现场实施及 5 天技术培训服务	提供现场实施及 7 天技术培训服务

大数据实验一体机在 1.0 版本基础上更新升级到最新的 2.0 版本实验体系，进一步丰富了实验内容，实验课程数量新增至 85 个。同时，实验平台优化了创建环境→实验操作→提交报告→教师打分的实验流程，新增了具有海量题库、试卷生成、在线考试、辅助评分等应用的考试系统，集成了上传数据→指定列表→选择算法→数据展示的数据挖掘及可视化工具。

在实验指导方面，针对各项实验所需，大数据实验一体机配套了一系列包括实验目的、实验内容、实验步骤的实验手册及配套高清视频课程，内容涵盖大数据集群环境与大数据核心组件等技术前沿，详尽细致的实验操作流程可帮助用户解决大数据实验门槛所限。具体来说，85 个实验课程包括以下方面。

（1）36 个 Hadoop 生态大数据实验。

（2）6 个真实大数据实战项目。

（3）21 个基于 Python 的大数据实验。

（4）18 个基于 R 语言的大数据实验。

（5）4 个 Linux 基本操作辅助实验。

整套大数据系列教材的全部实验都可在大数据实验平台上远程开展，也可在高校部署的 BDRack 大数据实验一体机上本地开展。

作为一套完整的大数据实验平台应用，BDRack 大数据实验一体机还配套了实验教材、PPT 以及各种实验数据，提供使用培训和现场服务，中国大数据（thebigdata.cn）、中国云计算（chinacloud.cn）、中国存储（chinastor.org）、中国物联网（netofthings.cn）、中国智慧城市（smartcitychina.cn）等提供全线支持。目前，BDRack 大数据实验一体机已经成功应用于各类院校，国家"211 工程"重点建设高校代表有郑州大学等，民办院校有西京学院等。其部署图如图 A-4 所示。

2. 人工智能实验环境

人工智能实验一直难以开展，主要有两方面原因。一方面，实验环境需要提供深度学习计算集群，支持主流深度学习框架，完成实验环境的快速部署，应用于深度学习模型训练等教学实践需求，同时也需要支持多人在线实验。另一方面，人工智能实验面临配置难度大、实验入门难、缺乏实验数据等难题，在实验环境、应用教材、实验手册、实验数据、技术支持等多方面亟须支持，以大幅度降低人工智能课程学习门槛，满足课程设计、课程上机实验、实习实训、科研训练等多方面需求，实现教学实验效果的事半功倍。

图 A-4　BDRack 大数据实验一体机实际部署图

AIRack 人工智能实验平台（http://www.cstor.cn/proTextdetail_12031.html）基于 Docker 容器技术，在硬件上采用 GPU+CPU 混合架构，可一键创建实验环境，并为人工智能实验学习提供一站式服务。其实验体系架构如图 A-5 所示。

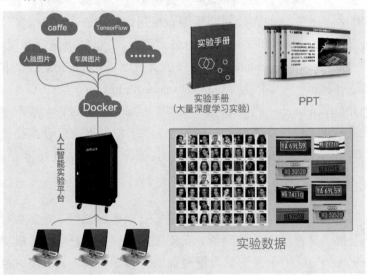

图 A-5　AIRack 人工智能实验平台实验体系架构

实验时，系统预先针对人工智能实验内容构建好基于 CentOS 7 的特定容器镜像，通过 Docker 在集群主机内构建容器，开辟完全隔离的实验环境，实现使用几台机器即可虚拟出大量实验集群以满足学校实验室的使用需求。平台采用 Google 开源的容器集群管理系统 Kubernetes，能够方便地管理跨机器运行容器化的应用，提供应用部署、维护、扩展机制等功能。其平台架构如图 A-6 所示。

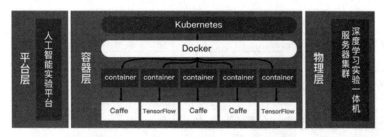

图 A-6 AIRack 人工智能实验平台架构

配套实验手册包括 20 个人工智能相关实验，实验基于 VGGNet、FCN、ResNet 等图像分类模型，应用 Faster R-CNN、YOLO 等优秀检测框架，实现分类、识别、检测、语义分割、序列预测等人工智能任务。具体的实验手册大纲如表 A-2 所示。

表 A-2 实验手册大纲

序号	课 程 名 称	课程内容说明	课时	培 训 对 象
1	基于 LeNet 模型和 MNIST 数据集的手写数字识别	理论+上机训练	1.5	教师、学生
2	基于 AlexNet 模型和 CIFAR-10 数据集图像分类	理论+上机训练	1.5	教师、学生
3	基于 GoogleNet 模型和 ImageNet 数据集的图像分类	理论+上机训练	1.5	教师、学生
4	基于 VGGNet 模型和 CASIA WebFace 数据集的人脸识别	理论+上机训练	1.5	教师、学生
5	基于 ResNet 模型和 ImageNet 数据集的图像分类	理论+上机训练	1.5	教师、学生
6	基于 MobileNet 模型和 ImageNet 数据集的图像分类	理论+上机训练	1.5	教师、学生
7	基于 DeepID 模型和 CASIA WebFace 数据集的人脸验证	理论+上机训练	1.5	教师、学生
8	基于 Faster R-CNN 模型和 Pascal VOC 数据集的目标检测	理论+上机训练	1.5	教师、学生
9	基于 FCN 模型和 Sift Flow 数据集的图像语义分割	理论+上机训练	1.5	教师、学生
10	基于 R-FCN 模型的行人检测	理论+上机训练	1.5	教师、学生
11	基于 YOLO 模型和 COCO 数据集的目标检测	理论+上机训练	1.5	教师、学生
12	基于 SSD 模型和 ImageNet 数据集的目标检测	理论+上机训练	1.5	教师、学生

序号	课 程 名 称	课程内容说明	课时	培 训 对 象
13	基于 YOLO2 模型和 Pascal VOC 数据集的目标检测	理论+上机训练	1.5	教师、学生
14	基于 linear regression 的房价预测	理论+上机训练	1.5	教师、学生
15	基于 CNN 模型的鸢尾花品种识别	理论+上机训练	1.5	教师、学生
16	基于 RNN 模型的时序预测	理论+上机训练	1.5	教师、学生
17	基于 LSTM 模型的文字生成	理论+上机训练	1.5	教师、学生
18	基于 LSTM 模型的英法翻译	理论+上机训练	1.5	教师、学生
19	基于 CNN Neural Style 模型绘画风格迁移	理论+上机训练	1.5	教师、学生
20	基于 CNN 模型灰色图片着色	理论+上机训练	1.5	教师、学生

同时，平台同步提供实验代码以及 MNIST、CIFAR-10、ImageNet、CASIA WebFace、Pascal VOC、Sift Flow、COCO 等训练数据集，实验数据做打包处理，以便开展便捷、可靠的人工智能和深度学习应用。

AIRack 人工智能实验平台硬件配置如表 A-3 所示。

表 A-3　AIRack 人工智能实验平台硬件配置

产 品 名 称	详 细 配 置	单 位	数 量
CPU	E5-2650V4	颗	2
内存	32GB DDR4 RECC	根	8
SSD	480GB SSD	块	1
硬盘	4TB SATA	块	4
GPU	1080P（型号可选）	块	8

AIRack 人工智能实验平台集群配置如表 A-4 所示。

表 A-4　AIRack 人工智能实验平台集群配置

	极 简 型	经 济 型	标 准 型	增 强 型
上机人数	8 人	24 人	48 人	72 人
服务器	1 台	3 台	6 台	9 台
交换机	无	S5720-30C-SI	S5720-30C-SI	S5720-30C-SI
CPU	E5-2650V4	E5-2650V4	E5-2650V4	E5-2650V4
GPU	1080P（型号可选）	1080P（型号可选）	1080P（型号可选）	1080P（型号可选）
内存	8*32GB DDR4 RECC	24*32GB DDR4 RECC	48*32GB DDR4 RECC	72*32GB DDR4 RECC
SSD	1*480GB SSD	3*480GB SSD	6*480GB SSD	9*480GB SSD
硬盘	4*4TB SATA	12*4TB SATA	24*4TB SATA	36*4TB SATA

在人工智能实验平台之外，针对目前全国各大高校相继开启深度

学习相关课程，DeepRack 深度学习一体机（http://www.cstor.cn/proTextdetail_10766.html）一举解决了深度学习研究环境搭建耗时、硬件条件要求高等种种问题。

凭借过硬的硬件配置，深度学习一体机能够提供最大每秒 144 万亿次的单精度计算能力，满配时相当于 160 台服务器的计算能力。考虑到实际使用中长时间大规模的运算需要，一体机内部采用了专业的散热、能耗设计，解决了用户对于机器负荷方面的忧虑。

一体机中部署有 TensorFlow、Caffe 等主流的深度学习开源框架，并提供大量免费图片数据，可帮助学生学习诸如图像识别、语音识别和语言翻译等任务。利用一体机中的基础训练数据，包括 MNIST、CIFAR-10、ImageNet 等图像数据集，也可以满足实验与模型塑造过程中的训练数据需求。深度学习一体机外观如图 A-7 所示，服务器内部如图 A-8 所示。

图 A-7　深度学习一体机外观　　　图 A-8　深度学习一体机节点内部

深度学习一体机服务器配置参数如表 A-5 所示。

表 A-5　服务器配置参数

	经 济 型	标 准 型	增 强 型
CPU	Dual E5-2620 V4	Dual E5-2650 V4	Dual E5-2697 V4
GPU	Nvidia Titan X *4	Nvidia Tesla P100*4	Nvidia Tesla P100*4
硬盘	240GB SSD+4T 企业盘	480GB SSD+4T 企业盘	800GB SSD+4T*7 企业盘
内存	64GB	128GB	256GB
计算节点数	2	3	4
单精度浮点计算性能	88 万亿次/秒	108 万亿次/秒	144 万亿次/秒
系统软件	Caffe、TensorFlow 深度学习软件、样例程序，大量免费图片数据		
是否支持分布式深度学习系统	是		

此外，对于构建高性价比硬件平台的个性化的 AI 应用需求，dServer 人工智能服务器（http://www.cstor.cn/proTextdetail_12032.html）采用英特尔 CPU+英伟达 GPU 的混合架构，预装 CentOS 操作系统，集成两套行业主流开源工具软件——TensorFlow 和 Caffe，同时提供 MNIST、CIFAR-10 等训练测试数据，通过多类型的软硬件备选方案以及高性能、点菜式的解决方案，方便自由选配及定制安全可靠的个性化应用，可广泛用于图像识别、语音识别和语言翻译等 AI 领域。dServer 人工智能服务器如图 A-9 所示，配置参数如表 A-6 所示。

图 A-9　dServer 人工智能服务器

表 A-6　dServer 人工智能服务器配置参数

配　　置	参　　数
GPU（NVIDIA）	Tesla P100，Tesla P4，Tesla P40，Tesla K80，Tesla M40，Tesla M10，Tesla M60，TITAN X，GeForce　GTX 1080
CPU	Dual E5-2620 V4，Dual E5-2650 V4，Dual E5-2697 V4
内存	64GB/128GB/256GB
系统盘	120GB SSD/180GB SSD/240GB SSD
数据盘	2TB/3TB/4TB
准系统	7048GR-TR
软件	TensorFlow，Caffe
数据（张）	车牌图片（100 万/200 万/500 万），ImageNet（100 万），人脸图片数据（50 万），环保数据

目前，dServer 人工智能服务器已经在清华大学车联网数据云平台、西安科技大学大数据深度学习平台、湖北文理学院大数据处理与分析平台等项目中部署使用。其中，清华大学车联网数据云平台项目配置如图 A-10 所示。

清华大学
Tsinghua University

名称	深度学习服务器	
生产厂家	南京云创大数据科技股份有限公司	
主要规格	cServer C1408G	
配置说明	CPU: 2*E5-2630v4　　　　GPU: 4*NVIDIA TITAN X	内存: 4*16G (64G) DDR4,2133MHz, RECC
	硬盘: 5* 2.5"300GB 10K SAS（企业级）	网口: 4个10/100/1000Mb自适应以太网口
	电源: 2000W 1+1冗余电源	计算性能: 单个节点单精度浮点计算性能为44万亿次/秒
	预装Caffe、TensorFlow深度学习软件、样例程序；提供MNIST、CIFAR-10等训练测试数据，提供交通卡口图片数据不少于400万张，环境在线数据不少于6亿条	

图 A-10　清华大学车联网数据云平台项目配置

综上所述，大数据实验平台 1.0 用于个人自学大数据远程做实验；大数据实验一体机受到各大高校青睐，用于构建各大学自己的大数据实验教学平台，使得大量学生可同时进行大数据实验；AIRack 人工智能实验平台支持众多师生同时在线进行人工智能实验；DeepRack 深度学习一体机能够给高校和科研机构构建一个开箱即用的人工智能科研环境；dServer 人工智能服务器可直接用于小规模 AI 研究，或搭建 AI 科研集群。

附录 B

Hadoop 环境要求

1. 硬件要求

Hadoop 集群需要运行几十、几百甚至上千个节点，选择匹配相应的工作负载的硬件，能在保证效率的同时最大可能地节省成本。

一般来说，Datanode 的推荐规格为：

- ❏ 4 个磁盘驱动器（1～4TB）。
- ❏ 2 个 4 核 CPU（2～2.5GHz）。
- ❏ 16～64GB 的内存。
- ❏ 千兆以太网（存储密度越大，需要的网络吞吐量越高）。

Namenode 的推荐规格为：

- ❏ 8～12 个磁盘驱动器（1～4TB）。
- ❏ 2 个 4/8 核 CPU（2～2.5GHz）。
- ❏ 32～128GB 的内存。
- ❏ 千兆或万兆以太网。

2. 操作系统要求

HDP 2.6.0 支持的操作系统版本如表 B-1 所示。

表 B-1　HDP 2.6.0 支持的操作系统版本

操 作 系 统	版 本
CentOS（64bit）	CentOS 7.0/7.1/7.2
	CentOS 6.1/6.2/6.3/6.4/6.5/ 6.6/6.7/6.8
Debian	Debian 7

续表

操 作 系 统	版 本
Oracle（64bit）	Oracle 7.0/7.1/7.2
	Oracle 6.1/6.2/6.3/6.4/6.5/6.6/6.7/6.8
Red Hat（64bit）	RHEL 7.0/7.1/7.2
	RHEL 6.1/6.2/6.3/6.4/6.5/6.6/6.7/6.8
SUSE（64bit）	（SLES）Entreprise Linux 12，SP2
	（SLES）Enterprise Linux 12，SP1
SUSE（64bit）	（SLES）Enterprise Linux 11，SP4
	（SLES）Enterprise Linux 11，SP3
Ubuntu（64bit）	Ubuntu 16.04 （Xenial）
	Ubuntu 14.04 （Trusty）

3. 浏览器要求

Ambari 是基于 Web 的 Apache Hadoop 集群的供应、管理和监控工具，需要浏览器的支持，支持的浏览器版本如表 B-2 所示。

表 B-2 Ambari 2.5.0 支持的浏览器版本

操 作 系 统	浏 览 器
Linux	Chrome 56.0.2924/57.0.2987
	Firefox 51/52
Mac OS X	Chrome 56.0.2924/57.0.2987
	Firefox 51/52
	Safari 10.0.1/10.0.3
Windows	Chrome 56.0.2924/57.0.2987
	Edge 38
	Firefox 51.0.1/52.0
	Internet Explorer 10/11

（1）Java 环境要求

Hadoop 是由 Java 实现的，需要 Java 环境支持，支持的 JDK 版本如表 B-3 所示。

表 B-3 HDP 2.6.0 支持的 JDK 版本

JDK	版 本
Open Source	JDK8†
	JDK7†，deprecated
Oracle	JDK 8，64bit（minimum JDK 1.8.0_77），default
	JDK 7，64bit（minimum JDK 1.7_67），deprecated

（2）Python 环境要求

Hadoop 的 Web 工具 ambari 是基于 Python 语言编写的，需要安装 Python 环境。HDP 2.6.0 支持的 Python 版本为 2.6 及以上。

附录 C

名词解释

有关大数据的一些名词解释如表 C-1 所示。

表 C-1　名词解释

名　词	解　释
Ambari	Apache Ambari 是一种基于 Web 的工具,支持 Apache Hadoop 集群的供应、管理和监控
Browser	网页浏览器,文中如非特指,采用的是 Google Chrome 浏览器
CAB	变更咨询委员会(Change Advisory Board)
CCB	配置控制委员会(Configuration Control Board)
CDH	Cloudera Distribution Hadoop,即 Cloudera 公司的发行版 Hadoop
CI	配置项(Configuration Item)是指要在配置管理控制下的资产、人力、服务组件或者其他逻辑资源。从整个服务或系统来说,包括硬件、软件、文档、支持人员到单独软件模块或硬件组件(CPU、内存、SSD、硬盘等)。配置项需要有整个生命周期(状态)的管理和追溯(日志)
CLI	Command Line Interface,命令行界面,用户可以在该界面输入命令,对系统进行操作
CM	配置管理(Configuration Management),是通过技术或行政手段对软件产品及其开发过程和生命周期进行控制、规范的一系列措施
CMDB	配置管理数据库(Configuration Management Database),用于存储与管理企业 IT 架构中设备的各种配置信息,它与所有服务支持和服务交付流程都紧密相连,支持这些流程的运转、发挥配置信息的价值,同时依赖于相关流程保证数据的准确性

续表

名　　词	解　　释
CMS	配置管理系统（Configuration Management System）
DoS	拒绝服务（Denial of Service），DoS 攻击是通过大量访问耗尽被攻击对象的资源，让目标计算机或网络无法提供正常的服务或资源访问，使目标系统服务系统停止响应甚至崩溃
ECAB	紧急变更咨询委员会（Emergency Change Advisory Board）
Elastic Search	一个基于 Lucene 的搜索服务器，常用于日志分析
GUI	图形用户界面（Graphical User Interface）
Hadoop	一个由 Apache 基金会所开发的分布式系统基础架构
Hbase	HBase 是一个分布式的、面向列的开源数据库
HDP	Hortonworks Data Platform，Hortonworks 公司的 Hadoop 平台
Impala	Cloudera 公司主导开发的新型查询系统，它提供 SQL 语义，能查询存储在 Hadoop 的 HDFS 和 HBase 中的 PB 级大数据
ISO2000	信息技术服务管理体系标准，是面向机构的 IT 服务管理标准
ITIL	IT 基础架构库即信息技术基础架构库（ITIL，Information Technology Infrastructure Library）由英国政府部门 CCTA（Central Computing and Telecommunications Agency）在 20 世纪 80 年代末制订，现由英国商务部 OGC（Office of Government Commerce）负责管理，主要适用于 IT 服务管理（ITSM）。ITIL 为企业的 IT 服务管理实践提供了一个客观、严谨、可量化的标准和规范
Job	作业，指提交到 Hadoop 大数据系统中运行的作业
MapReduce	一种编程模型，用于大规模数据集（大于 1TB）的并行运算。概念"Map（映射）"和"Reduce（归约）"，是它们的主要思想，都是从函数式编程语言里借来的，还有从矢量编程语言里借来的特性。它极大地方便了编程人员在不会分布式并行编程的情况下，将自己的程序运行在分布式系统上。当前的软件实现是指定一个 Map（映射）函数，用来把一组键值对映射成一组新的键值对，指定并发的 Reduce（归约）函数，用来保证所有映射的键值对中的每一个共享相同的键组
Master	主节点，指构成 Hadoop 大数据系统的主服务器节点
MongoDB	一个介于关系数据库和非关系数据库之间的产品，是非关系数据库当中功能最丰富，最像关系数据库的，支持的数据结构非常松散，是类似 json 的 bson 格式，因此可以存储比较复杂的数据类型
MTTF	Mean Time To Failure，平均失效前时间
MTTR	Mean Time To Restoration，平均恢复前时间
NoSQL	Not only SQL，泛指非关系型的数据库
NTP	Network Time Protocol，通过网络对时的协议，用于将多台服务器的时间保持一致
OTRS	Open Technology Real Services，一种工单管理软件

续表

名　词	解　释
PDCA	PDCA 是英语单词 Plan（计划）、Do（执行）、Check（检查）和 Adjust（纠正）的第一个字母，PDCA 循环就是按照这样的顺序进行质量管理，并且循环不止地进行下去的科学程序
RAID	Redundant Arrays of Independent Disks，磁盘阵列，磁盘阵列是由很多价格较便宜的磁盘，组合成一个容量巨大的磁盘组，利用个别磁盘提供数据所产生的加成效果提升整个磁盘系统效能
RPO	Recovery Point Objective，灾备切换后，数据丢失的时间范围
RTO	Recovery Time Objective，业务从中断到恢复正常所需要的时间
Slave	从节点，指构成 Hadoop 大数据系统的从服务器节点
Spark	专为大规模数据处理而设计的快速通用的计算引擎
Sqoop	一款开源的工具，主要用于在 Hadoop（Hive）与传统的数据库（MySQL、PostgreSQL 等）间进行数据的传递，可以将一个关系型数据库（如 MySQL、Oracle、PostgreSQL 等）中的数据导入 Hadoop 的 HDFS 中，也可以将 HDFS 的数据导入关系型数据库中
SSH	Secure Shell，专为远程登录会话和其他网络服务提供安全性的协议
Storm	一个分布式的、可靠的、容错的数据流处理系统
Task	任务，指 Hadoop 作业中分解出来执行的任务
Tivoli	IBM 公司为运维管理开发的软件产品
Yarn	Yet Another Resource Negotiator，一种新的 Hadoop 资源管理器
ZooKeeper	一个分布式的、开放源码的分布式应用程序协调服务，是 Google 的 Chubby 中一个开源的实现，是 Hadoop 和 HBase 的重要组件。它是一个为分布式应用提供一致性服务的软件，提供的功能包括配置维护、域名服务、分布式同步、组服务等
配置基线	在服务或服务组件的生命周期中，某一时间点被正式指定的配置信息